AF450511

# PRÉCIS DE SULFURATION

ET DE

# GREFFAGE

## DE LA VIGNE

PAR

## Paul VINCEY

Professeur départemental d'agriculture du Rhône

LYON

IMPRIMERIE DE A. STORCK

Rue de l'Hôtel-de-Ville, 78

—

1887

# PRÉCIS DE SULFURATION

## ET DE

# GREFFAGE DE LA VIGNE

# A M. Eugène TISSERAND

CONSEILLER D'ÉTAT

DIRECTEUR DE L'AGRICULTURE

---

*A mes collaborateurs, MM. les Directeurs et Moniteurs des Ecoles de greffage de la vigne, je dédie ce modeste travail.*

*Mon vœu le plus ardent est qu'il puisse leur être de quelque utilité dans l'œuvre commune, la défense et la reconstitution du vignoble de notre cher pays.*

PAUL VINCEY.

Châtillon, novembre 1887

# PRÉCIS DE SULFURATION

## ET DE

# GREFFAGE

## DE LA VIGNE

PAR

## Paul VINCEY

Professeur départemental d'agriculture du Rhône

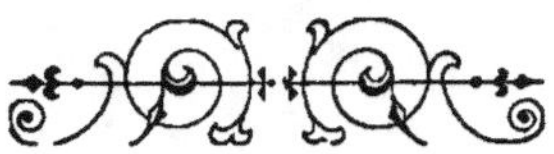

LYON

IMPRIMERIE A. STORCK

Rue de l'Hôtel-de-Ville, 78

1887

# ETAT

## DE LA

# VITICULTURE

---

## AVANT-PROPOS

### I

Avant l'incomparable désastre phylloxérique, la vigne occupait 43.000 hectares du département du Rhône, soit le 1/7 environ de son étendue totale. De tous les genres de productions agricoles, elle constituait à beaucoup près celui qui donnât les plus beaux résultats, tant au point de vue colonisateur qu'à celui des profits économiques. On pourra facilement s'en convaincre en considérant la densité de la population dans les régions viticoles et les prix élevés que la culture de la vigne avait fait prendre aux terrains.

Dans l'arrondissement de Villefranche, presque totalement

occupé par l'ancien Beaujolais, les sols à vigne valaient en moyenne 15,000 fr. l'hectare. Leur prix était de 7,500 fr. dans l'arrondissement de Lyon.

Cette valeur s'est réduite de près des deux tiers dans le plus grand nombre de nos communes viticoles. Le territoire agricole du département, par ce fait, n'a pas moins perdu de 250 millions de francs de son ancienne valeur.

Vers 1873, la présence du terrible puceron, qui avait déjà donné la mesure de sa puissance destructive dans le midi de la France, était constatée dans ce département. Les Côtes du Rhône, le Lyonnais étaient frappés les premiers. Peu de temps après, le Beaujolais était envahi sur de nombreux points.

Jusqu'en 1878, les fruits de l'expérience transmise par les viticulteurs méridionaux, nos devanciers dans la lutte, étaient insuffisants ou trop mal connus pour que nos vignerons pussent y trouver un remède efficace à la nouvelle affection. C'est alors que le Comité d'études et de vigilance prit l'heureuse initiative d'instituer des champs d'expériences, où devaient être soumis à l'épreuve les différents moyens de défense proposés. Dès le début de ces entreprises, aussi bien à Saint-Germain-au-Mont-d'Or qu'à Villié-Morgon (1), l'efficacité du traitement insecticide au sulfure de carbone fut clairement démontrée.

De tous les points de la région, les viticulteurs vinrent y chercher *de visu* la précieuse conviction. On peut dire aujourd'hui que c'est grâce à ces champs d'expériences qu'on doit de voir la pratique du sulfurage adoptée sur plus de 12,000 hect. du vignoble de notre département, c'est-à-dire environ la moitié des anciennes vignes françaises encore existantes et des nouveaux plantiers. Sans crainte d'être contredit par les faits, on peut avancer que le moment est très proche où il ne restera

---

(1) Le champ d'expériences de Côte-Rôtie, à Ampuis, n'a été institué qu'en 18 3, sur la proposition et par les soins de M. Paul Vincey.

plus dans le Rhône, en fait de vieilles vignes françaises, que celles qui auront été *maintenues* par le sulfure de carbone.

C'est particulièrement dans l'arrondissement de Villefranche que le traitement a été aussi universellement adopté.

Il faut constater que jusqu'à il y a quatre ans, aucun champ d'expériences n'avait été établi dans l'arrondissement de Lyon, et que dans cette région, une grande partie de vignoble avait déjà succombé lorsque l'efficacité et l'économie du remède se sont affirmées à Saint-Germain et à Villié.

Que de vignes, quoi qu'il en soit, auraient pu être conservées dans tout le département sans l'indifférence et l'esprit de routine traditionnels d'un grand nombre de vignerons ! Il est plus pénible assurément de constater journellement, qu'à l'heure présente encore, des cultivateurs laissent périr, faute de traitement, des plantiers dont ils pourraient prolonger l'existence.

Est-ce à dire que le remède au sulfure soit d'une efficacité absolue et indéfinie ? Les faits sont venus malheureusement démontrer, durant ces dernières années, qu'il est loin d'en être toujours ainsi.

Malgré tout, la pratique de la sulfuration, dans la crise viticole que subit le département du Rhône, aura joué un rôle économique considérable en ménageant la transition entre l'ancien état de prospérité et la situation à venir de la viticulture.

L'expérimentation et la pratique ont surabondamment établi que, dans des circonstances bien définies, il soit possible et profitable de conserver durant un certain temps les vignes françaises par la sulfuration rationnellement conduite.

Nous indiquons ci-dessous les préceptes formulés par le Comité d'études et de vigilance du Rhône relativement à la sulfuration des vignobles (1).

(1) Extrait du rapport de MM. Crolas, Leymain, Sornay et Paul Vincey à M. le Ministre de l'Agriculture (1887).

« Nous croyons qu'il est inutile de reproduire ici, comme les années précédentes, les conditions dans lesquelles le sulfure de carbone doit être appliqué pour produire tout l'effet qu'on est en droit d'en entendre.

« Disons d'abord que l'expérience a prouvé que les résultats obtenus dans certaines conditions de sol, sans être nuls, ne sont pas assez complets pour que le vigneron ait intérêt à faire le traitement.

« Ces conditions sont les suivantes :

« 1° *Lorsque le sol, quelle que soit sa nature, a moins de 30 centimètres de profondeur.*

« 2° *Lorsqu'il est composé, en grande partie, d'argile qui le rend compacte et que le sous-sol est imperméable.*

« Dans le premier cas, la diffusion des vapeurs de sulfure est trop rapide, elle ne séjourne pas assez dans le sol.

« Dans le second, la diffusion ne se fait que très difficilement, ces terrains, appelés vulgairement *goutteux*, étant presque toujours saturés d'eau.

« Les vignes plantées dans l'une ou dans l'autre de ces deux catégories de terrains constituent heureusement l'exception pour notre région.

« Toutes les vignes qui sont en dehors de ces deux conditions peuvent et doivent être défendues, et le succès est assuré si l'on suit strictement les indications suivantes :

« 1° *Traiter les vignes dès la première apparition de l'insecte ;*

« 2° *Traiter l'ensemble des vignes envahies et non pas seulement les taches ;*

« 3° *Appliquer le sulfure à la dose de 18 à 20 grammes par mètre carré ; ne jamais dépasser cette dose, ne pas se tenir en dessous ;*

« 4° *Faire les injections entre les ceps, de façon à comprendre chacun d'eux entre quatre trous, en évitant de toucher la souche avec le pal ;*

« 5° *Avoir soin de boucher exactement les trous de pals immédiatement après l'injection du sulfure ;*

« 6° *Avoir soin de toujours laisser égoutter les terrains forts, qui retiennent longtemps l'eau, après les pluies abondantes ou la fonte des neiges ;*

« 7° *Cesser les applications aux deux époques de l'année où la sève se met en mouvement ;*

8° *Cultiver avec soin et fumer convenablement les vignes traitées.*

« Les bons résultats qu'ont donnés, soit dans les champs d'expériences, soit chez les propriétaires, les traitements d'été, nous permettent de les conseiller sans arrière-pensée, toutes les fois qu'une tache fera son apparition dans un vignoble, ou que l'on n'aura pas pu appliquer le sulfure au printemps ou à l'automne, par suite du mauvais temps.

« L'été passé nous avons constaté une fois de plus que, pendant [toute la période ou le phylloxéra habite les racines superficielles et le collet des souches, c'est-à-dire à la fin du printemps et pendant tout l'été, il est indispensable de ne pas déposer le sulfure à une trop grande profondeur, *il ne faut enfoncer le pal qu'à 15 ou 20 centimètres*, les vapeurs, qui ont une tendance à descendre par suite de leur poids, tuent d'abord les insectes qui habitent les parties du cep, voisines de la surface du sol, et agissent ensuite sur ceux qui sont logés plus profondément.

« Nous redirons encore ce que nous avons déjà dit l'an passé, c'est que les jeunes plantiers que nous avons traités dès la seconde feuille sont en parfait état comme bois ; ils ont donné une belle récolte, faits qui doivent encourager les vignerons qui ont replanté des vignes françaises ces dernières années, et auxquels nous recommanderons encore de ne pas attendre pour les traiter, que leurs vignes soient sérieusement attaquées. »

S'il est vrai que dans la grande majorité des cas, il soit bon de défendre les vignes françaises nouvellement atteintes, il ne s'en suit pas qu'on doive replanter en cépages indigènes les anciens vignobles détruits, avec la perspective de les conduire et de les maintenir en végétation et en production normales par la sulfuration. Il est très généralement établi que, dans les conditions moyennement heureuses, s'il est possible par une fumure et un traitement appropriés de tenir convenablement une vigne adulte nouvellement atteinte, il est beaucoup plus difficile, même en le prenant au début de l'attaque, de conserver utilement un jeune plantier.

## II

En même temps que s'affirmait l'efficacité du traitement au sulfure, la résistance au phylloxéra de certains cépages américains s'établissait sur de nombreux points de notre département.

Dès le début de la lutte contre l'insecte, d'habiles viticulteurs avaient cherché le salut dans le rétablissement du vignoble par les cépages résistants.

A part les essais du Comité de vigilance au champ de Villié-Morgon et les tentatives tout d'abord assez peu encourageantes entreprises à Saint-Germain-au-Mont-d'Or, on peut dire que dans notre pays l'impulsion en faveur de la culture des vignes américaines est partie du sein de la Société régionale de viticulture de Lyon.

Il est permis aux esprits indépendants et éclairés par les faits d'affirmer aujourd'hui que *la résistance à l'insecte de certains cépages exotiques est beaucoup mieux établie que celle des plants français, sulfurés dans les meilleures conditions.*

En somme, notre conviction est : lorsqu'on se trouve dans le cas, qui va se raréfiant tous les jours, de la possession d'une vigne encore en état d'être *maintenue* ou *ramenée* par l'insecticide, qu'il faut se résoudre, et vite, à sulfurer et à sulfurer bien ; mais lorsqu'il s'agit d'établir un plantier de toutes pièces, qu'on doit mettre à profit la résistance de certains plants américains bien adaptés au sol, porte-greffes ou producteurs-directs.

Il est également reconnu, outre la sécurité, que l'excédent des frais de première installation, lorsqu'il s'agit de plantations américaines, est bien moindre que les dépenses capitalisées qu'occasionne tous les ans la sulfuration, lorsqu'il s'agit de plantations françaises.

# CÉPAGES AMÉRICAINS

Deux ordres de plants du Nouveau-Monde, qui résistent au phylloxéra, sont appelés à jouer un rôle dans la reconstitution du vignoble de notre pays : ceux dit porte-greffes qui produisent peu ou point de fruits, dont on n'utilise que la résistance des racines à l'insecte et qui doivent, par le greffage, supporter et nourrir nos plants de pays et les cépages producteurs-directs, le plus souvent hybrides d'américains et de français, dont la résistance relative est bien établie et qui produisent de la vendange en quantité et en qualité suffisantes.

# PRODUCTEURS-DIRECTS

A mesure qu'on avance dans la voie du rétablissement du vignoble, les cépages américains producteurs-directs paraissent devoir prendre une place plus considérable, temporairement tout au moins.

Les principaux producteurs américains cultivés dans la région lyonnaise sont : l'*Othello,* le *Sénasqua* et le *Cornucopia.*

OTHELLO. — Connu en Amérique sous le nom d'Arnold nº 1, l'Othello est un hybride de Concord et de Franckental ou Blac-Hambourg.

C'est un cépage très fertile et à assez grande expansion. Son raisin est gros, noir et d'un goût légèrement foxé. Son feuillage est vert clair, jaunâtre au sommet des pampres. Il reprend très bien de bouture et se met rapidement à fruit. Sa résistance d'abord incertaine s'établit de jour en jour. Peut-être faudra-il le sulfurer quelquefois après les années chaudes et sèches lorsqu'il est planté dans des terrains très légers ?

S'accommodant de presque tous les sols, même des plus argileux et des plus serrés, c'est le cépage américain producteur-direct dont la faculté d'adaptation au sol et au climat est le plus étendue.

Il demande à être planté clair : un mètre et demi ou deux mètres de surface par pied sont très bien occupés par cet hybride, dans la région lyonnaise.

L'Othello est tellement fertile qu'on voit communément ses sarments porter trois et quelquefois quatre gros raisins. La taille courte est celle qui lui convient le mieux. En raison de l'énorme production de ce cépage, qu'on a justement denommé l'*Aramon* des plants américains, une fumure appropriée, copieuse et souvent répétée lui est nécessaire.

Peu sujet à la coulure, il est particulièrement sensible au mildiou. Ses raisins sont plus atteints par le *rot gris* ou *brun* que les fruits des cépages français.

L'Othello est le producteur-direct le plus employé dans la région lyonnaise. S'il est appelé à rendre de signalés services dans les contrées de vins très-ordinaires, sa culture ne saurait être conseillée pour les bons crus de notre pays.

Sénasqua. — Hybride de Concord et de Black-Princ, ce cépage offre à un plus haut degré que le précédent les caractères des Labrusca. Les feuilles sont d'un vert foncé, quelquefois rougeâtres en-dessus, duveteuses et blanchâtres en-dessous. Peu fertile lorsqu'il est taillé à court bois, le Sénasqua donne abondamment de beaux raisins lorsqu'il est soumis à une taille longue. Son fruit assez sucré est franc de goût, sans être aussi coloré que celui de l'Othello.

Sa résistance est relative. Il a une faculté d'adaptation au sol et au climat aussi grande que le cépage précédent. Le Sénasqua a sur l'Othello l'avantage de débourrer tard et d'être par conséquent peu sujet aux gelées printanières. Il demande à être planté clair.

Il est très peu atteint par les maladies cryptogamiques telles que l'Oïdium et le Mildiou.

CORNUCOPIA. — Semis de Clinton, le Cornucopia a d'abord été délaissé des viticulteurs en raison de son origine qui rendait suspecte sa résistance au phylloxéra. Il semble aujourd'hui reprendre un peu de faveur auprès des planteurs de producteurs-directs, en raison de sa fertilité relative, de la précocité de sa maturation et du goût franc du vin qu'il produit.

Le *Noah*, qui a le mérite d'être un bon porte-greffe et un fertile producteur de vin blanc, est peut-être un cépage d'avenir.

# PORTE-GREFFES

Malgré l'importance que peuvent prendre les producteurs-directs, dans le pays lyonnais, les viticulteurs accorderont toujours une plus grande place à la culture des porte-greffes, en raison de leur degré plus assuré de résistance au phylloxéra et de ce qu'ils permettent la production des anciens vins locaux.

Les porte-greffes les plus recommandables et les plus recherchés de notre région sont : le York-Madeira, le Vialla, le Riparia, le Solonis, le Rupestris et le Jacquez.

York-Madeira. — Hybride de Labrusca et de Vinifera, le York est un cépage fort anciennement connu en France, où le comte Odard, vers 1840, le désignait sous le nom de *Petit noir parfumé*.

C'est un plant de vigueur moyenne, à feuille ronde et blanchâtre en-dessous. Il est très rustique et mûrit bien ses raisins dans le département du Rhône. Son fruit foxé rappelle fort son origine de Labrusca.

Le York est de tous les cépages américains l'un des plus résistants au phylloxéra. Il s'adapte bien dans la plupart des sols, même dans les terres calcaires et arides.

Ce plant, auquel les espacements modérés conviennent, a le double avantage d'être un excellent porte-greffe pour notre

Gamay et un producteur-direct non sans valeur. Il donne au greffage des soudures faciles et irréprochables. Les plants indigènes entés sur lui se mettent plus à fruits que sur aucun autre porte-greffe.

Le York-Madeira, auquel on fait le reproche quelquefois mérité de pousser lentement durant les premières années, est le porte-greffe par excellence des vignobles en côteaux de notre région tempérée.

Vialla. — Variété de Cordifolia, ce cépage est le porte-greffe le plus employé dans le Beaujolais et dans une partie du Lyonnais. Sa résistance est aujourd'hui parfaitement démontrée dans les sols qui lui conviennent, ceux de nature schisteuse, granitique, grèseuse ou alluvionaire, Il souffre de la chlorose dans les sols crayeux et calcaires.

Le Vialla est de tous les porte-greffes celui qui donne le plus de bonnes soudures par le mode de la greffe-bouture. En raison de son expansion végétative assez grande, même lorsqu'il est greffé avec le Gamay, les larges espacements lui conviennent.

Il a l'inconvénient d'être sujet au cabuchage, forme de l'anthracnose ponctuée, dans les régions un peu humides. Cette maladie, purement extérieure disparaît, complètement par le fait du greffage.

Riparia. — Vers 1881, ce cépage a été l'objet d'un engouement exagéré dans le midi de la France. Alors on l'a importé d'Amérique par d'énormes quantités de boutures de fort nombreuses sous-variétés.

Sa résistance au phylloxéra est grande. Il s'adapte assez bien à la plupart des terrains. Mais, presque autant que le Vialla, il redoute les sols et sous-sols calcaires, marneux ou crayeux.

Le Riparia donne de moins nombreuses et bonnes soudures au greffage que le Vialla et le York. Il a l'inconvénient de rester petit en dessous du point de greffage. Ce désavantage, moins négligeable qu'on a pu le dire au Congrès de Mâcon, est d'autant plus marqué que la variété qu'on lui donne comme greffon est à plus grande expansion.

Le Riparia H-V ou *Gloire-de-Montpellier*, obtenu de sélection par M. Portalis, assure au greffage de plus nombreuses et de meilleures soudures que les Riparia tous bois qu'on a inconsidérément importée du Nouveau-Monde. Greffé avec le Gamay, ce Riparia perfectionné ne s'étrangle pas plus au-dessous du point de greffage que le Vialla et le York.

SOLONIS. — Forme bien nettement caractérisée de la *Vitis-Riparia*, ce cépage se distingue par ses feuilles d'un vert glauque à dentelures prononcées et recourbées vers la face inférieure. Sa résistance au phylloxéra est très marquée. Il s'adapte dans presque tous les terrains, depuis les marnes et les argiles jusqu'aux sols calcaires les plus légers. Ce n'est guère que dans les terrains crayeux et tuffeux qu'il végète mal.

Il reprend difficilement de bouture, donne un petit nombre de reprises lorsqu'on le greffe sur simple chapon et s'étrangle en dessous du point de greffage, un peu moins que les Riparia ordinaires pourtant. Lorsqu'il n'est pas greffé, il est très sujet à l'anthracnose dans les sols humides.

RUPESTRIS. — Très reconnaissable à ses feuilles se rapprochant comme aspect de celles de l'abricotier et ployées en gouttières par le milieu, ce cépage est moins anciennement connu dans notre pays que les précédents. Sa résistance au phylloxéra est nettement assurée. Il végète bien dans les sols rocheux ou pierreux les plus arides. C'est un bon porte-greffe pour nos cépages lyonnais, bien que donnant à la greffe–bouture des réussites moindres que nos sauvageons préférés.

Jacquez. — C'est un Œstivalis à petits grains, cultivé comme producteur-direct dans le midi de la France. En raison de sa maturité tardive, on ne peut songer à l'utiliser que comme porte-greffe dans la région lyonnaise.

Bien que se bouturant difficilement, on l'emploie quelquefois comme porteur du Gamay, dans les sols calcaires de notre climat.

Le Jacquez, de tous les cépages ci-dessus décrits, est le plus sensible au mildiou.

# ADAPTATION

Nos anciens plants de pays avaient l'incomparable avantage de s'adapter à toutes les natures de terrains. Tout au plus si dans les sols calcaires peu profonds ou marneux, ces cépages se chlorosaient un peu, lors des printemps secs et très froids. L'année 1887 a donné un exemple de ce fait. Mais il était extrêmement rare que ce jaunissement, dû à la fois à la nature du terrain et à des conditions météorologiques passagères, ne disparût dans le courant de l'été, sans causer pour ainsi dire de dommage appréciable à la vigne.

Les cépages américains, au contraire, ont presque tous, quant à la nature du sol, des exigences marquées.

Le premier point qui se soit dégagé, depuis une dizaine d'années, de la culture des vignes américaines dans les différentes régions de la France, est que, pris en bloc, ils s'accommodent infiniment mieux des sols granitiques et schisteux que de ceux où le calcaire prédomine. La connaissance de la nature géologique et minéralogique des terrains dans lesquels la vigne américaine a été cultivée jusqu'à ce jour, a permis de dégager cette première notion.

Il ne faut pas chercher ailleurs l'explication de ce fait rendu public, que la culture des cépages exotiques donne de très beaux résultats dans certains pays, alors que dans d'autres, sous le même climat cependant, elle a causé de graves déceptions. Qu'on consulte la carte géologique de ces régions et on se convaincra que presque toujours, où la végétation du plus grand nombre des plants américains laisse à désirer, on a affaire à des sols à base calcaire, d'*origine secondaire*, jurassique et surtout crétacée.

La région des Charentes, à sols de nature crayeuse, n'a pu jusqu'à ce jour trouver de cépages résistants qui s'adaptent convenablement à ses vignobles. C'est pour tâcher de pailler à cette insuffisance que le Ministère de l'agriculture et certaines associations agricoles ont chargé M. Pierre Viala d'une mission en Amérique, à l'effet surtout de rechercher des plants résistants qui s'accommoderaient de ces terrains (1).

Si l'on envisage le département du Rhône dans son ensemble, et au point de vue de la façon dont s'y comportent les cépages américains, on remarque que leur végétation ne laisse rien à désirer, excepté dans la région du Mont-d'Or lyonnais et dans ses principaux contre-forts jurassiques : la montagne du canton d'Anse ainsi que certaines côtes calcaires des cantons du Bois-d'Oingt et de l'Arbresles. Partout ailleurs, où les terres arables sont d'origine granitique, porphyrique, schisteuse ou grèseuse, la végétation de la plupart des porte-greffes ou producteurs directs, est très satisfaisante.

Le défaut d'adaptation des plants américains dans les terrains à base trop calcaire se traduit par la chlorose, le rabougrissement des pampres, l'insuffisance de production et quelquefois la mort du vignoble.

Les connaissances que jusqu'à ce jour la pratique seule nous a enseignées au sujet des sols très calcaires se résument à

---

(1) Les dernières nouvelles annoncent que les efforts de l'éminent excursionniste viennent d'être couronnés de succès.

peu près à ces données : on doit éviter d'y planter le Vialla, quelquefois même le York et le Riparia et à plus forte raison les cépages d'importance secondaire, tels que le Clinton, l'Elvira, etc., etc.

L'Othello subirait beaucoup moins que le Vialla les conséquences de la chlorose dans ces natures de sols.

# CHAMPS  D'ADAPTATION

. Afin d'étendre le cadre de ces connaissances, trop restreintes pour que dans les terrains jurassiques tout au moins, les viticulteurs pussent avec certitude absolue d'heureux résultats se lancer dans la voie de la culture des cépages américains, la Chaire d'agriculture a organisé au printemps 1887, dans les différentes communes du canton d'Anse, des vignobles d'adaptation sur tous les étages géologiques suivants :

> Schistes,
> Saliférien,
> Infraliasien,
> Sinémurien et Toarcien,
> Bajocien,
> Bathonien,
> Erratique (alluvions anciennes),
> Alluvions contemporaines.

Chacun de ses champs d'adaptation est uniformément établi sur le même type. Il est complanté de :

> Riparia greffés avec Gamay.
> York      »           »
> Solonis   »           »
> Vialla    »           »

Rupestris greffés avec Gamay.
Jacquez          »                    »
Riparia non greffés.
York             »
Solonis          »
Vialla           »
Rupestris        »
Jacquez          »
Othello.
Sénasqua.
Cornucopia.

Dans quelques années on pourra se rendre compte de la façon dont se comportent les différents plants dans ces diverses natures de sols, dont l'analyse minéralogique et chimique est en voie d'exécution.

Nous ne voulons pas ici développer les nombreuses raisons physiologiques que les savants ont invoquées pour expliquer les causes d'adaptation et de non adaptation aux sols des différents cépages du Nouveau-Monde (1). C'est d'ailleurs là une question encore à l'étude. Par l'établissement des vignobles d'adaptation, nous aurons eu la satisfaction d'y avoir contribué en vue des résultats pratiques.

-----

(1) *De l'adaptation au sol*, par Félix Sahut, Montpellier 1886.
*La chlorose de l'Herbemont*, par G. Foëx.
*Résistance de la vigne au phylloxéra*, par M. A.-C. Desjardins. — Masson, Paris, 1884.

# MULTIPLICATION

Prévoyant l'utilisation locale d'énormes quantités de boutures américaines, depuis plusieurs années, la Chaire d'agriculture a fait tout son possible pour pousser à l'établissement de nombreuses pépinières privées, communales ou départemenmentale.

PÉPINIÈRES COMMUNALES. — Par la distribution gratuite de boutures, la Chaire a été l'auteur de l'installation de plusieurs pépinières communales : telle est l'origine de celles de Fleurieux-sur-l'Arbresles, de Saint-Cyr-au-Mont-d'Or, de Bully, etc., etc.

Suivant l'intérèt qu'y ont attaché les différentes municipalités, ces institutions ont eu des suites plus ou moins heureuses. La pépinière de Bully, qu'on peut citer comme exemple, est en mesure actuellement de fournir d'importantes quantités de boutures. Ce ne sont d'ailleurs pas les demandes qui font défaut à la mairie.

PÉPINIÈRE DÉPARTEMENTALE D'ALBIGNY. — Au printemps 1885, la Chaire a proposé à l'Administration départementale d'établir dans les terrains du Dépôt de mendicité d'Albigny une vaste pépinière destinée à produire de très grandes quantités de chapons, à l'usage des vignerons reconstituants de tout le département. Cette proposition ayant été fort bien accueillie par le Conseil général, le Professeur d'agriculture a pu, durant les années 1885-1886, présider à la plantation de près de quatre hectares de plants-mères, telles que York, Vialla, Riparia, Solonis et Othello.

Actuellement, la plus grande partie de cette pépinière est en pleine production de boutures. L'Administration va se trouver ainsi en mesure d'en distribuer tous les ans, avec le principe de la gratuité (1), d'énormes quantités aux viticulteurs qui lui en adresseront la demande.

Transport et conservation des boutures. — Lorsque les boutures destinées soit au greffage, soit à la plantation directe doivent voyager, il est nécessaire de prendre quelques précautions pour assurer leur parfaite conservation. C'est très souvent parce qu'on les avait négligées ou que les boutures étaient restées trop longtemps en route, que des greffeurs de notre pays, utilisant des porte-greffes venant du midi, ont éprouvé de si nombreuses déceptions dans leurs pépinières. C'est pour cette raison aussi, jointe à celle que les boutures expédiées par les méridionaux ne sont pas toujours exemptes d'erreurs d'étiquetage, que nous ne saurions trop conseiller aux viticulteurs de notre région, pour leur achat de plants, de ne s'adresser dans le midi que lorsqu'il leur est impossible de trouver sur place ce qui leur est nécessaire.

Tant que les sarments des vignes ne sont pas taillés, ils ne craignent à peu près rien, ni du froid, ni de l'humidité, ni de la sécheresse. Lorsque les boutures, soit porte-greffes, soit pour greffons, sont séparées de la souche, au contraire, elles deviennent sujettes à la dessication, qui peut les rendre impropres

---

(1) Les prix fixés en 1887 par l'Administration sont, pour les porte-greffes les suivants : 6 fr. le mille, pour les boutures bonnes à greffer, et 3 fr. le mille, pour les bois de diamètre inférieur.

à l'émission des racines et des bourgeons, ainsi qu'à la soudure par le greffage.

Pour bien conserver les boutures jusqu'au moment où l'on doit les utiliser, il faut non seulement empêcher leur dessèchement, mais autant que possible éviter que leur sève ne se mette en mouvement pour produire des racines ou des bourgeons.

Les paquets de boutures qui sont destinés à voyager doivent être soigneusement emballés dans des enveloppes d'autant plus imperméables à l'air que la durée du trajet sera longue.

Afin de conserver les sarments de toute espèce, depuis l'époque de la taille jusqu'au moment du greffage ou de la plantation, il faut les enterrer dans du sable fin, très légèrement humide, dans un local peu aéré. On peut aussi les faire stratifier dans le sable, dans des endroits non couverts, mais autant que faire se peut, abrités contre les rayons du soleil.

Ce n'est pas un mal, au contraire, de laisser baigner dans l'eau durant quelques jours, le pied des boutures que l'on doit planter directement en pépinière ou dans le vignoble.

# GREFFAGE

Le greffage de la vigne a pour but de marier deux espèces de cépages en vue d'obtenir, d'un côté, la résistance des racines au phylloxéra de l'un des deux conjoints nommé *sujet, sauvageon* ou *porte-greffe*, et de l'autre, la production de raisins en quantité et en qualité suffisantes pour que la culture soit rémunératrice.

THÉORIE DU GREFFAGE. — Tous les êtres organisés, animaux et végétaux, considérés encore à l'état embryonnaire, sont formés de la juxtaposition de petits corps arrondis nommés *utricules* ou *cellules*. Au début de la vie, les cellules, dites *embryonnaires*, ont la propriété de pouvoir se transformer en cellules spéciales composant les différents tissus animaux ou végétaux. C'est pour cette raison d'ordre métamorphique que les cellules embryonnaires ont aussi été dénommées *cellules indifférentes*. Elles peuvent en effet, suivant les milieux dans lesquels elles se trouvent dans l'être organisé primitif, devenir des cellules du tissu cartilagineux, osseux, musculaire etc., chez les animaux; ligneux ou libériens, etc., dans les végétaux.

Un être organisé adulte, si l'on considère l'ensemble de ses organes, est donc en somme un amas de cellules, primitivement embryonnaires ou indifférentes qui, durant l'accroissement de l'individu, se sont plus ou moins spécialisées pour constituer ses différents tissus.

Pour ne considérer que les végétaux, même arrivés à l'état de complet développement, il est toujours un point de leur organisation où l'on rencontre des *cellules indifférentes*, semblables aux cellules embryonnaires, dont l'être à l'origine était totalement composé.

Si l'on examine de très près la coupe d'une tige ou sarment de vigne, par exemple, ainsi que le montre la figure schématique ci-contre, on remarque : au centre, la moelle enveloppée de toute la partie libérienne constituant le bois ; à l'extérieur, les différentes couches de l'écorce ou *liber*. Envisagées au miscrocope, ces différentes zônes font voir qu'elles sont constituées de cellules spécialisées de ces différents tissus. Entre l'écorce

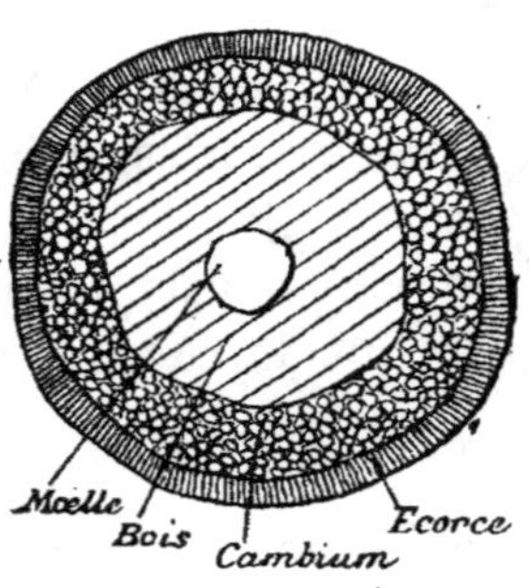


Coupe transversale *(grossie)* d'un sarment de Vigne.

et le bois, on trouve une couche plus molle, plus sèveuse qui est précisément formée de cellules indifférentes ou embryonnaires. C'est cette couche d'éléments jeunes que les histologistes dénomment *cambium*.

Par la prolifération et la spécialisation des cellules du cambium, les végétaux s'accroissent, en formant dans la partie extérieure les différentes couches de l'écorce, et à l'intérieur, les zônes annuelles du bois ou ligneux.

Ces phénomènes de nature anatomique et physiologique se reproduisent d'une façon absolument symétrique chez les animaux. Dans l'organisme de ces derniers, les tissus *muqueux sous-cutanés* représentent identiquement le cambium des végétaux.

Chez les animaux comme dans les végétaux, les seuls tissus qui peuvent artificiellement se souder par le greffage sont ceux qui se trouvent constitués de cellules embryonnaires. Pour les animaux, par exemple, c'est en vain que le chirurgien voudrait essayer de souder entre elles deux parties cartilagineuses, aussi bien que le greffeur de végétaux est impuissant à opérer l'union des parties ligneuses ou des couches corticales des plantes.

*Ce n'est que la zône du cambium végétal qui soit suscepible de soudure par le greffage.*

Dans les différents systèmes de greffes que nous aurons à examiner, nous verrons que le viticulteur-greffeur doit toujours rechercher à juxtaposer les zônes cambiales du greffon et du sauvageon.

Pour le cas de greffes animales, les tissus apportés que, par analogie, nous pouvons dénommer ici greffons, perdent bientôt après la soudure cicatrisante leurs caractères propres pour épouser ceux du sujet animal, qui joue alors un rôle semblable à celui de nos sauvageons végétaux.

Dans les greffes végétales, c'est un fait constant que le greffon, répudiant toute naturalisation du sujet sur lequel il est enté et qui le nourrit, *conserve absolument tous les caractères propres du végétal duquel il provient*. Ce n'est méconnu d'aucun arboriculteur. Les vignerons, qui à l'origine avaient pu craindre que le greffage sur les cépages américains de nos plants de pays, ne vînt modifier la nature de leur production, sont aujourd'hui complètement revenus de leur erreur.

Par le greffage nos plants indigènes, nous sommes donc

assurés de produire la même qualité de vin que le commerce avait coutume de nous demander.

En raison de ce que la soudure sur Vialla, du Gamay par exemple, communique à ce dernier une plus grande expansion végétative que n'en montraient les cépages Gamay francs-de-pieds, dans les mêmes sols, il est rationnel de s'attendre à voir les vignes greffées produire des *jeunes vins*, plus longtemps après la plantation que ne le faisaient nos anciens vignobles.

Peut-être aussi que dans les crus renommés, le greffage sur York, en raison du peu de développement de ce cépage, donnerait plutôt des *vins mûrs*, que si l'on choisissait comme sauvageon le Vialla ou le Riparia.

La pratique a démontré que dans la famille des Ampélidées, la vigne ne peut se greffer que sur des plantes appartenant aux différentes espèces du même genre *Vitis*.

Nous ne ferons ici que mentionner les tentatives plus ou moins fantaisistes, lorsqu'elles n'étaient pas grotesques, de greffes de vignes sur *cissus* sur *mûrier* ou sur *ronce* etc. qu'on a pu recommander.

SYSTÈMES DE GREFFES. — Afin d'opérer la soudure de deux fragments de vigne, en mettant en rapport des parties fraîchement découpées de cambium, on a inventé différents systèmes de greffes. Désireux de rester sur le domaine de la pratique pure, nous ne voulons dans ce manuel décrire que les deux systèmes, qui peuvent suffire à tous les besoins de notre viticulture régionale (1).

I. — La *greffe en fente latérale,* simple ou double, se pratique lorsqu'il y a disproportion entre le diamètre du greffon et celui du sujet auquel on doit l'unir.

---

(1) Pour la description de tous les systèmes de greffes, consulter le magnifique ouvrage de M. A. CHAMPIN : *Traité théorique et pratique de greffage.*

Si le diamètre du sauvageon ne dépasse pas une fois et demi celui du greffon, on emploie la *greffe en fente simple*, qui consiste à ne placer sur l'un des côtés de la fente, qu'un seul greffon.

Sur les grosses souches, on est amené à pratiquer la greffe en fente double, dans laquelle on pose un greffon à chaque extrémité de l'incision pratiquée dans le sujet.

Pour la greffe en fente, l'incision simple ou évidée, à pratiquer soigneusement dans le sujet, ne doit pas avoir une profondeur supérieure à trois fois le diamètre du greffon. Celui-ci, à un ou deux yeux, est taillé en biseau latéral, ainsi qu'une lame de couteau, On le prépare en forme de coin quand il s'agit de pratiquer la greffe en fente pleine, dans le cas où le diamètre du greffon est égal à celui du sujet. Mais alors nous conseillons de pratiquer toujours la greffe anglaise.

Afin d'assurer la parfaite juxtaposition des combiums du sujet et du greffon dans le cas de greffe en fente latérale, il est bon de faire dépasser un peu en dehors de l'écorce du sujet l'extrémité inférieure du biseau du greffon.

II. — La *greffe anglaise*, qu'on emploie généralement dans notre pays lorsque le greffon et le sujet sont de même grosseur, ainsi que c'est presque toujours le cas lorsqu'il s'agit des modes de greffes–boutures ou de greffes sur racinés sur table, se pratique par la taille en biseau à la fois du greffon et du sujet. L'accouplement des deux conjoints s'effectue au moyen d'entailles pratiquées vers le milieu de chacun des bizeaux, les languettes ou *tenons*, qui ne doivent pas être trop minces, s'introduisant dans leurs *mortaises* respectives. Les biseaux doivent être taillés à environ 18 degrés d'inclinaison, autrement dit, la coupe du biseau doit avoir une longueur approchant trois fois le diamètre des sarments à greffer.

Comme les zônes de cambium doivent être en contact immédiat, il est nécessaire lorsqu'on·pratique la greffe anglaise de choisir des greffons et des sujets ayant, à part l'épaisseur de l'écorce, exactement le même diamètre. Si par hasard on s'aperçoit, après la confection des biseaux, que l'un des deux est plus petit, on doit s'attacher à faire en sorte que les cambiums se joignent au moins d'un côté.

Il faut que les sarments aient un diamètre minimum de cinq millimètres pour qu'on puisse convenablement pratiquer la greffe anglaise.

Le porte-greffe, dont on éborgne les yeux, est taillé sur talon, d'une longueur d'environ 22 centimètres. Le greffon pas plus long que 6 à 8 centimètres, a deux yeux ou mieux un seul bourgeon. Il est taillé en haut à un centimètre au-dessus du bouton.

La *greffe*, perfectionnée par M. Nesme Camuset, habile viticulteur de Fleurie en Beaujolais, bien qu'étant un peu plus difficile à pratiquer que la greffe anglaise et nécessitant des instruments spéciaux, paraît offrir quelques avantages pour les sujets à soudure difficile, tels que le Soonis.

La Chaire d'Agriculture est disposée à en faire au moins l'épreuve partielle lors des prochaines écoles de greffage.

GREFFOIRS. — La greffe en fente latérale et la greffe anglaise se pratiquent au moyen de couteaux primitivement d'origine allemande, ainsi que le modèle Kunde, et dont on fabrique actuellement à Lyon (1) d'excellents spécimens.

(1) Afin d'éviter aux viticulteurs français la nécessité dans laquelle ils se trouvaient, il y a quelques années encore, d'employer les greffoirs d'origine germanique, la *Chaire d'Agriculture* a provoqué, dans l'industrie lyonnaise, la fabrication d'instruments, tels que les *Greffoir Renaud*, de Lyon, qui ne le cèdent, en rien aux couteaux étrangers.

LIGATURE. — Le raphia est aujourd'hui a peu près exclusivement adopté par les viticulteurs pour ligaturer les greffes. Quelques personnes ont pris l'habitude de le sulfater
légèrement pour en assurer plus longtemps la conservation
dans la terre. Nous déconseillons cette pratique, qui peut n'être
pas sans influence sur la réussite des soudures. Lorsqu'on
redoute la décomposition trop rapide du raphia, il vaut mieux
l'employer sous brins un peu plus gros que de le sulfater.

ENDUITS. — Au printemps 1887, dans le centre du département du Rhône, les greffeurs de vigne ont fait usage, d'un
enduit pour greffage, composé de huit parties de poix résine
pour deux parties de cire jaune.

Il ne semble pas jusqu'à ce jour que les résultats de cette pratique soient suffisamment avantageux pour qu'on puisse pro-
poser de la généraliser.

MODES DE GREFFAGE. — On entend sous la dénomination
de modes de greffage, l'ensemble des conditions dans lesquelles
se trouve le porte-greffe ou sauvageon au moment où se pratique
l'opération, dans ses différents systèmes.

Les principaux modes de greffage sont : la *greffe en place*,
la *greffe sur racinés* à l'atelier et la *greffe-bouture*.

A. — La *greffe en place*, la plus généralement employée
dans le midi de la France, est malheureusement de réussite très
aléatoire sous le climat de Lyon.

De la pratique de plusieurs années, il semble bien établi que
dans le département du Rhône la greffe en place ne doive
rendre des services que lorsqu'il s'agit de mettre à fruits d'anciens cépages américains plants-mères. Dans tous les cas, lorsqu'on veut établir un vignoble par le greffage en place, on doit
pratiquer cette opération aussitôt que les porte-greffes sont
assez gros pour pouvoir supporter un greffon.

La meilleure époque pour bien réussir la greffe en place, sous notre climat, est du 15 avril au 15 mai. Il faut avoir soin d'étêter un peu plus haut que le point de greffage, les sujets américains quelques jours avant l'opération.

Dans le but d'éviter l'affranchissement ultérieur des greffons, il est bon, notamment dans les terres fortes, de pratiquer le greffage en place légèrement au-dessus du niveau du sol. On en est quitte ainsi pour butter un peu les souches durant les deux premières années.

B. — La *greffe sur racinés* à l'atelier est un mode qui offre quelques avantages dans notre pays. On la pratique à l'anglaise ou en fente latérale suivant les cas.

Les greffes ainsi exécutées peuvent être plantées en pépinières ou mieux dans le vignoble directement, pourvu que le terrain se prête au buttage. Mais dans ce dernier cas, en raison de l'incertitude où l'on est d'obtenir des réussites complètes, il est prudent, en vue de rebrochage des manquants l'année suivante, d'établir en même temps une pépinière suffisante de greffes sur racinés ou de greffes-boutures.

C. — Le mode de la *greffe-bouture* est celui qui, à juste titre, est le plus généralement employé dans le département du Rhône. Il se pratique par le système de la greffe anglaise.

Les greffes-boutures peuvent être exécutées depuis le mois de janvier jusqu'au moment de leur plantation.

Lorsque les greffes-boutures ne doivent pas être plantées immédiatement après leur confection, on les conserve en stratification dans du sable fin, aussi pur que possible et légèrement humide.

Un mode de conservation des greffes-boutures des plus recommandables est le suivant :

Dans une benne à vendange, on établit d'abord un lit de sable, de quelques centimètres seulement d'épaisseur. On dépose ensuite une couche de greffes-boutures sur lesquelles on coule du sable, de façon à combler exactement tous les interstices. On remplit ainsi la benne successivement de lits de greffes-boutures et de lits de sable, en terminant par l'un de ces derniers. Le tout est recouvert d'une toile à sac qu'on a soin de tenir constamment humide.

On peut aussi mettre les greffes-boutures en stratification dans un endroit sain et couvert, le pied sur un lit de sable, maintenues dans une situation légèrement oblique. On alterne les lits de sable et les lits de greffes sur une aire plus ou moins étendue. Il est nécessaire dans ce cas que l'extrémité supérieure des greffes-boutures soit recouverte de quelques centimètres de sable. On maintient également fraîche la surface du tas par des linges mouillés.

Les greffes-boutures, celles sur Vialla particulièrement, sont quelquefois immédiatement plantées dans le vignoble. On est ainsi exposé à avoir de nombreux vides, qu'on doit ensuite rebrocher par des racinés soudés venant de la pépinière.

Mais c'est à beaucoup près pour être mises durant une année en pépinière qu'on pratique la plus grande quantité de greffes-boutures.

Les soins de plantation des greffes-boutures n'influent pas moins sur leur réussite que la bonne exécution du greffage. A la pépinière, elles sont plantées soit au fichon, soit à la bêche par tranchée ouverte. Dans ce dernier cas, comme dans le précédent d'ailleurs, une précaution indispensable pour le racinement du porte-greffe est un tassement minutieux du terrain à la base des greffes-boutures. Par l'un ou l'autre mode de plantation, les greffes plus ou moins rapprochées sont soigneusement mises en lignes et les lignes en planches ou plates-bandes, disposées le plus commodément en vue des sarclages, de l'arrosage et autres façons que nécessitent les pépinières.

Les greffes-boutures doivent être plantées de telle sorte que le point de greffage se trouve au niveau du sol. C'est par un buttage soigné, en billon de section triangulaire à base élargie suivant les lignes de plantation, que le point de greffage et les greffons doivent être enterrés. Le buttage en hauteur ne doit dépasser que de deux ou trois centimètres environ la partie supérieure du greffon.

Pour l'établissement des pépinières, il faut choisir des terrains autant que possible sablonneux, d'exposition chaude, à pente faible pour éviter les ravinements par les pluies. Il est bon aussi que les pépinières soient établies en des endroits élevés, qui s'échauffent bien, où le mildiou, les gelées hâtives d'automne et les vers blancs font moins de mal que dans les bas-fonds.

On doit éviter de fumer ces terrains à une époque trop rapprochée du moment de la plantation des greffes-boutures. La nitrification des matières fertilisantes organiques, comme la causticité de quelques engrais chimiques, peut altérer les coupes de greffage et empêcher le bourgeonnement des racines des sauvageons.

Le meilleur moment pour mettre les engrais de toute nature dans les sols à pépinières est l'automne qui précède l'époque de la plantation.

Lorsque le terrain des pépinières est de trop forte nature, on est obligé d'employer des sables plus ou moins manneux pour le *châssage* de la base des greffes-boutures comme pour le buttage de leurs greffons.

On ne doit pas planter les greffes-boutures avant que les chaleurs du printemps ne soient suffisantes pour assurer une prompte soudure des éléments en rapport, et un rapide racinement des portes-greffes. La plus grande partie des insuccès constatés dans les pépinières proviennent de ce que leur plantation avait été faite à une époque trop hâtive.

Le meilleur moment pour planter les greffes-boutures est celui qui commence le 15 avril pour finir le 1er juin, plutôt dans la seconde moitié que dans la première.

Il est bon de faire des bassinages aux pépinières de greffes, aussi souvent que la dessication du terrain et de l'atmosphère le réclame.

Il va sans dire que les pépinières doivent être tenues dans un état absolu de propreté et de culture.

Les sauvageons qui émergent des buttes sont soigneusement enlevés par simple arrachage.

Au mois de septembre, il faut tout débutter jusqu'au niveau du point de greffage, afin d'enlever les racines que les greffons ont pu émettre. Le rebuttage doit suivre de près cette opération.

L'*arrachage* des plants de la pépinière se fait à tranchée ouverte avec beaucoup de précautions, afin d'éviter l'ébranlement des soudures et la mutilation des racines.

Pour les pépinières à sols un peu humides et compactes, il convient de pratiquer avant l'hiver l'arrachage des greffes. On peut les conserver jusqu'au printemps en stratification dans du sable, en ayant soin qu'elles soient enterrées jusqu'au-dessus du greffon, les pousses de l'année seules émergeant.

La *plantation* dans le vignoble des sujets soudés et racinés peut se faire avant l'hiver dans les terrains légers, ou mieux au printemps, jusqu'à la fin de mars, dans la plupart des cas. On plante les greffes à la bêche, comme les arbres, ou au pal, ainsi que les boutures. Dans ce dernier cas, il faut avoir soin d'employer de grosses *dames*, à pointe très obtuse. Alors on *châsse* comme on fait pour les simples chapons, après avoir rhabillé les racines jusqu'à quelques centimètres du pied du sujet.

La plantation à la bêche, qui permet de laisser les racines de presque toute leur longueur, offre à part la durée du travail, quelques avantages sur le mode de plantation au pal.

Dans l'un et l'autre cas, le point de soudure doit se trouver légèrement en-dessus du niveau du sol. Il est bon de butter **la** plante jusqu'à la partie supérieure du greffon.

Dans le vignoble, la culture des vignes greffées ne diffère **pas** sensiblement de celle des plants francs de pieds. Les racines que peuvent émettre les greffons doivent toutefois être soigneusement enlevées lors des différentes façons du sol.

Les plants greffés peuvent sans inconvénient être déchaussés jusqu'à la soudure à partir du printemps de la seconde année de plantation.

# RAPPORT DU PROFESSEUR DÉPARTEMENTAL D'AGRICULTURE

Monsieur le Ministre,

Les crédits que vous avez bien voulu, ainsi que le Conseil général, mettre à ma disposition, m'ont permis au début de l'année 1887, d'organiser 122 écoles pratiques de greffage de la vigne dans les communes du département du Rhône.

Par le présent Rapport, j'ai l'honneur de vous rendre compte de l'organisation et du fonctionnement de ces institutions, ainsi que des résultats agronomiques auxquels ils ont conduit.

Comme l'indique le nombre des localités où ont fonctionné ces ateliers de greffage, mes propositions aux municipalités avaient été presque unanimement accueillies dans toute la région viticole du département.

Cette année, afin que les élèves greffeurs pussent suffisamment s'exercer dans leur art, les écoles ont fonctionné plus tôt que les années précédentes. L'ouverture du plus grand nombre a eu lieu le dimanche 9 janvier. Après huit séances, leur clôture s'est généralement effectuée le 20 février.

Chaque atelier avait à sa tête un directeur désigné par la Chaire d'agriculture : les Maires, les Adjoints, les Conseillers municipaux, les Présidents ou Secrétaires des différentes associations agricoles, le plus souvent, avaient bien voulu accepter la mission toute gracieuse de diriger ces institutions. Un ou plusieurs moniteurs, suivant l'importance de l'école, y enseignaient *pratiquement*, la préparation des sarments, leur greffage, l'attachage et la plantation des vignes greffées.

Parmi ces nombreuses écoles, huit étaient exclusivement réservées aux dames. La très remarquable façon dont elles ont fonctionné est venue encore affirmer combien avait été heureuse la tentative faite l'an dernier à Chessy–les-Mines. C'est d'ailleurs dans le voisinage de cette localité que cette année encore les écoles féminines ont donné les plus importants résultats. Les ateliers du Bois-d'Oingt et de Châtillon-d'Azergues ont été fréquentés, l'un par 54, l'autre par 26 élèves, qui ne craignaient pas, aux heures où leur présence dans les ménages étaient souvent le plus nécessaire, de venir parfois de communes éloignées et par des temps très rigoureux, suivre avec la plus grande régularité les cours de greffage. L'acquisition d'une fort remarquable habileté dans la pratique de la greffe est venue couronner au-delà de toute espérance les généreux efforts des dames greffeuses. Aussi, le Jury d'examen chargé de distribuer les médailles, que le Gouvernement avait bien voulu accorder pour ces écoles, a-t-il été fort embarrassé de décider entre les greffes les mieux exécutées des concurrentes.

Au Bois-d'Oingt :

Le premier — médaille d'argent — a été décerné à M<sup>me</sup> Maria Manus, de Saint-Laurent-d'Oingt.

Le 2° prix — médaille d'argent — à M<sup>me</sup> Francine Poitrasson, de Légny.

Le 3e prix — médaille de bronze — à Mme Claudine Chanel, de Légny.

A Châtillon-d'Azergues :

Le premier prix — médaille d'argent — a été décerné à Mme Marie Dénos, de Châtillon.

Le 2e prix — médaille d'argent — à Mme Marie Dallaire, de Châtillon.

Le 3e prix — médaille de bronze — à Mme Elisa Tournus, de Bagnols.

L'honneur de ces beaux résultats revient à Mme Rousselot, de Chessy-les-Mines, qu'un extrême dévouement aux intérêts de la viticulture a exposée aux plus grandes fatigues, en dirigeant successivement matin et soir de chaque dimanche, les écoles du Bois-d'Oingt et de Châtillon-d'Azergues. Les populations vigneronnes ont applaudi d'enthousiasme à la décision que vous avez prise de décerner, pour services rendus à la viticulture, une médaillé de vermeil à Mme Rousselot, à qui la Société nationale d'encouragement à l'agriculture avait déjà en 1886 attribué une médaille d'argent.

Il est de justice d'ailleurs de signaler la compétence et le zèle avec lesquels mesdames Desrayaud, Dubost, Dugelay et Trichard, monitrices de ces écoles, se sont acquittées de leurs fonctions.

Les écoles de dames de Saint-Etienne-la-Varenne, Quincié, Fleurie, Juliénas, Beaujeu et Jullié, ainsi que l'ont constaté les jurés d'examen, ont généralement conduit à permettre de formuler l'opinion que la propagation des écoles féminines de greffage répond à une très réelle utilité de notre viticulture régionale.

L'atelier militaire du camp de Sathonay, quoiqu'il eût fonctionné à une époque où l'activité professionnelle était très grande, a conduit à un succès exceptionnel. Non moins de 70 militaires de tous grades — voire même parmi ceux d'officiers — et de toutes armes, l'ont régulièrement fréquenté.

M. Rousselot, en se tenant plusieurs jours de chaque semaine à la disposition des apprentis-greffeurs, aux heures où leurs travaux militaires leur laissaient de courts loisirs, a mis à diriger cette école un dévouement au-dessus de tout éloge. Les élèves ont tenu à honneur de manifester leur reconnaissance envers leur directeur en lui offrant une paire d'épées, provenant du produit d'une collecte faite dans l'atelier de greffage.

Le jury d'examen a décerné les médailles que vous avez mises à sa disposition :

La 1ʳᵉ — médaille d'argent — à M. Paillet, engagé conditionnel au 22ᵉ de ligne.

La 2ᵉ — médaille d'argent — à M. le capitaine Rey, du 99ᵉ de ligne.

La 3ᵉ — médaille de bronze — à M. Charton, soldat au 99ᵉ de ligne.

Si l'école de greffage du camp de Sathonay a pu fonctionner aussi heureusement, c'est grâce à l'extrême bienveillance avec laquelle l'autorité militaire, en la personne de son chef, M. le général Davoût, commandant le 14ᵉ Corps d'armée, a consenti à accueillir et à favoriser notre œuvre.

Cet atelier à l'usage des militaires, que les intérêts de famille rattachent à la viticulture, n'aura pas eu seulement pour résultat d'apprendre à chacun de ceux qui l'ont fréquenté un nouvel art nécessaire au rétablissement de son vignoble ; il aura aussi formé une pépinière d'excellents greffeurs, qui pourront devenir directeurs ou moniteurs des écoles que les autres départements viticoles du Sud-Est de la France ne manqueront pas d'organiser prochainement.

Le dévouement que je vous avais déjà signalé en 1886, à tous nos intérêts agricoles, de M. Nesme, très habile viticulteur et adjoint au maire de Fleurie, ne s'est pas démenti cette année. M. Nesme, inventeur d'un bon système particulier de greffage, a collaboré avec le plus grand fruit, soit en qualité de directeur, soit en qualité de professeur-moniteur, au succès des écoles masculines et féminines de Julliénas et de Jullié.

A Oullins, deux généreux donateurs, MM. Lagrange et Valla, horticulteurs, ont offert six médailles, dont une de vermeil, quatre d'argent et une de bronze, qui ont été décernées aux élèves reconnus les plus méritants et dont les noms suivent :

MM. Courtois, Beau, Guichard, Charvolin, Seguin et Lecher.

Une médaille d'argent offerte par M. X..., et plusieurs prix en espèces, ont été décernés aux lauréats de l'école de Chasselay.

Pour tous les ateliers, les circonstances de chaque séance étaient consignées sur des feuilles d'ordre, régulièrement trans_mises à la Chaire d'agriculture.

Le nombre des élèves réguliers qui ont fréquenté les 122 écoles de greffage a été de 3,841. Environ 2.000 personnes en plus ont assisté à quelques séances seulement. C'est donc près de 6,000 agents de la production viticole qui, à des degrés divers, ont bénéficié de ces institutions,

A la fin des cours, des examens pratiques ont eut lieu, le plus souvent dans chaque atelier, en vue de la délivrance des diplômes de greffage. Des jurés désignés par les directeurs et nommés par la Chaire d'agriculture, y ont apprécié le mérite des candidats. 1,414 élèves ont reçu le diplôme.

Si l'on considère l'œuvre des années 1885, 1886 et 1887, on constate que la Chaire d'agriculture, a déjà institué, dans le département du Rhône, 178 écoles communales de greffage de la vigne, ayant intéressé non moins de 10,000 personnes, et délivré 2,293 diplômes de greffeur. (1)

Malgré l'importance de ces chiffres, la tâche de l'enseignement du greffage dans le Rhône n'est pas achevée. J'aurais M. le Ministre, à faire encore appel à votre sollicitude aux intérêt,

---

(1) En novembre 1887, la Chaire d'agriculture a ouvert 90 nouvelles écoles de greffage de la vigne, fréquentées par environ 2,000 personnes.

viticoles de notre malheureuse région, afin d'y pouvoir, en 1888, établir de nouvelles écoles de greffage.

Je suis heureux également de signaler à votre attention le zèle avec lequel MM. les directeurs, les jurés et les moniteurs des différentes écoles ont accompli leur mission.

Une mention plus que spéciale est due à M. Rousselot qui, non seulement a dirigé l'école militaire de Sathonay, et très largement contribué à l'établissement des champs de démonstration d'engrais, mais, avec un absolu désintéressement, a donné à la Chaire d'agriculture une collaboration de tous les jours et de tous les instants, sans laquelle il lui eût été matériellement impossible d'assurer le fonctionnement d'un aussi grand nombre d'écoles de greffage.

Veuillez agréer, etc.

*Le professeur départemental d'agriculture,*

P. V.

Chatillon-d'Azergues 16 mars 1887.

# ÉCOLES DE GREFFAGE
## Années 1885-86-87-88

| LOCALITÉS | DIRECTEURS | MONITEURS | Date de l'ouverture | Date de la fermeture | Nombre de séances | Inscrits | Diplômés | JURY DU CONCOURS | OBSERVATIONS |
|---|---|---|---|---|---|---|---|---|---|
| | MM. | MM. | | | | | | MM. | |
| Écully (École d'agriculture). | Deville. | Rigaux, professeur. | 1er févr. | 8 mars | 8 | 6 | 5 | Deville, Rigaux, P. Vincey. | Aux élèves de la 3e année. |
| Lucenay. | Demeurs, proprié. | Dulac, Pierre, de Lucenay. | — | — | 6 | 60 | 27 | Demeurs, Sade, adjoint, Guillaume, Chanay, P. Perrier. | |
| Les Chères. | Clément, C.. d'arrond. | Chamarande, de Lucenay. | — | — | 6 | 35 | 11 | Clément, Duchamp, Rigaud, Perrier, Gourd | Le même jury a visité les deux écoles. |
| Lissieu. | Duchamp J.-M., pr. | A. Paule, de Lucenay. | — | — | 6 | 72 | 2e | | |
| Sainte-Foy-les-Lyon. | Débolo, maire. | Jussaud, de Sainte-Foy. | — | — | 6 | 53 | 14 | Frappa, maire, Debolo, Goujet, Perrachon, Humbert, adjoint de Sainte-Foy, Dellevaux, Rivière, maire de Brindas, Vincey. | Les trois écoles ont concourru ensemble à Francheville. |
| Francheville. | Goujet, propriétaire. | Noyer, Pierre, d'Écully. | — | — | 6 | 90 | 21 | | |
| Brindas. | Perrachon, adjoint. | Brun, Tony, de Brindas. | — | 15 mars | 6 | 74 | 20 | | |
| Létra. | Quantin, maire. | B. Charnay, de Létra. | — | — | 7 | 69 | 32 | Lassalle, conseiller général Ponteille, conseiller général, Quantin, Mellet, Dalbepierre, Déchel, Girin, Vincey. | Le même jury a visité les trois écoles. |
| Ternand. | Mellet, maire. | Lagarde, de Ternand. | — | — | 7 | 52 | 33 | | |
| Chatillon-d'Azergue. | Dalbepierre, adjoint.<br>Déchel, propriétaire. | Chabert, de Châtillon.<br>Hugues Jambon, Lanti, nié. | — | 8 mars | 7 | 98 | 38 | | |
| | | | | — | 6 | | | | |
| Beaujeu. | P. Michaud, proprié. | Depay et Damas d'Odenas. | — | — | 6 | 75 | 13 | P. Michaud, L. du Montcel, H. Jambon, B. Canard, C. Fayard. | |
| Saint-Étienne-la-Varenne. | de St-Charles, maire. | Dutreyve B. de V.-s.-Jarnioux | — | — | 6 | 130 | 4 | De St-Charles, J.-C. Romanet, Charvin, Perroud, Dumas, P. | |
| Liergues. | Mulaton, propriétaire. | Guy, Henri, de Caluire. | — | — | 6 | 30 | 14 | Agnès, membre du comité, Mulaton, Chantreuil, Carriez, Bedin, de Vannoy. | |
| Collonges. | Paulet César, proprié. | Volay, Antoine, d'Écully. | — | — | 6 | 66 | 14 | Bouteney, maire, Paulet, Joannon, de St-Cyr, Collier, propr. Fouilloux. | |
| Saint-Didier-au-Mont-d'Or. | Dellevaux, adjoint. | Dervieux, Charles d'Ampuis. | — | — | 6 | 43 | 11 | Clavel propr. Brechon, jardinier, Volay, Dellevaux, Vincey. | |
| Condrieu. | Fond, maire, C.. gén. | Duplessy, Joseph. | — | — | 6 | 20 | 5 | Fond, Leymain, d'Ampuis, Louis David. | |
| Blacé. | Picard, adjoint. | Soutié, de Denicé. | — | — | 6 | 24 | 2 | Mangoin, Picard, Thomas, Chaurion, Grégoire. | |
| | | | | À reporter... | | 987 | 291 | | |

| LOCALITÉS | DIRECTEURS | MONITEURS | Date de l'ouverture | Date de la fermeture | Nombre de séances | Inscrits | Diplomés | JURY DU CONCOURS | OBSERVATIONS |
|---|---|---|---|---|---|---|---|---|---|
| | MM. | MM. | | Reports... | | 907 | 291 | MM. | |
| Vauxrenard. | Perraud, maire. | Depardou, de Chiroubles. | 1er févr. | 8 mars | 6 | 17 | 6 | Perraud, Depardon, Ducrozet, Lambert, Savoie. | |
| Tarare. | Bertrand, présid. de la Soc. d'horticul. | Bouland, de Tarare. | 8 févr. | 15 mars | 6 | 19 | 14 | ......................................... | |
| Mornant. | Rivière, percepteur. | Berry, Jean, de Brignais. | 1er mars | 29 mars | 5 | 39 | 7 | Paillasson, Serve, Rivière, Gerin, Bery, Condamin, Vincey. | |
| | | | | Totaux.... | | 1072 | 318 | | |

| LOCALITÉS | DIRECTEURS | MONITEURS | Date de l'ouverture | Date de la fermeture | Inscrits | Diplomés | JURY DU CONCOURS | OBSERVATIONS |
|---|---|---|---|---|---|---|---|---|
| | MM. | MM. | | | | | MM. | |
| Régnié. | Montchanin, maire. | Braillon, Joseph, et Dupont, de Chiroubles. | 26 févr. | 28 mars | 120 | 37 | Montchanin, Dumoulin, Braillon, Collonge et Dupont. | |
| Albigny. | Pautet, directeur du dépôt de mendicité. | Tarabon, de Couzon. | — | — | 29 | 3 | Pautet, Tarabon, Ribeiron, Corot et Vincent. | |
| Frontenas. | Accarie, maire. | Girantet, de Châtillon. | — | 4 avril | 56 | 25 | Déchet, Gambet fils, Girantet et Accarie. | |
| Létra. | Quantin, maire. | Charnay. | — | 28 mars | 21 | 17 | Périgent, Quantin, Dessaigne, Laposse et Chanard. | |
| Sainte-Consorce. | Rimbourg, maire. | Brun. | — | — | 15 | 8 | Rimbourg, Vuldy, Simon, Bouchard et Rost. | |
| Saint-Germain-au-Mont-d'Or. | Renardon, maire. | Nugues. | — | — | 24 | 7 | Rohler, Mathieu Dupré, Fouilloux et Renardon. | |
| Cogny. | Verne Claude, maire. | G. Désigaud, de Gleizé. | — | — | 29 | 11 | Grivel, Ronzière, Labranche, Arnaud-Coffin, Vernet, Claude. | |
| St-Cyr-au-Mont-d'Or. | Fouilloux, conseiller général et maire. | Brechon, de la Demi-Lune | — | — | 21 | 3 | Collier, Brossette, Béroujon, Favre, Fouilloux | |
| Poleymieux. | Peytel, prés. du synd. | Damour, de Lissieu. | — | — | 39 | » | . . . . . . . . . . . . . . . . . . . . . . . | Pas en de concours. |
| Jullié. | Bourdon, maire. | Nesme, de Fleurie. | — | — | 72 | 14 | Bourlon, Nesme, Brun, Pâtissier, Baccot, Louis. | |
| Saint-Vérand. | Vissoux, propriétaire, | Poitrasson Alexis, du Breuil. | — | — | 95 | 14 | Muller, Perras, Fauchery, Vermorel, Pradel. | |
| Fleurieux-sur-l'Arbresle. | Sauge, maire. | Dumont. | — | — | 42 | 25 | Chambon, Cambaudon, Michallet, Sauge, Dumont. | |
| Quincié. | Claitte, adjoint. | Aujogues, Hugues, Large,C. | — | — | 74 | 20 | Baizet, Mérite, Bulliat, J.-M., Bulliat, M., Claitte. | |
| Les Chères | Clément, cons. d'arr. prés. de l'Union ag. | Vermorel | — | — | 75 | 14 | Clément, P. Grataloup, Charité, Napoly, Gourd, J.-A. | |
| Saint-Étienne-la-Varenne. | De St-Charles, maire. | Verger, Jean, Monnet, Barizel, Claude. | — | — | 91 | 13 | De St-Charles, maire, Romanet, Sigaud, Charin, Verger. | |
| Chamelet. | G. Brossette, cons. mu. | Laroche, Michel. | — | — | 27 | 13 | Périgeat, Brossette, Mollet, Barré, Chanard. | |
| Chessy-les-Mines. | Rousselot-Magay, pro. | Chabert, de Chatillon. | — | — | 26 | 20 | Rousselot, Vincey, Lassalle, c' gén., Ponteille, c' gén., Caillot, Déchet, Dalbepierre, Michaud, Glenard, Gerling et Décurel. | Dames. |
| À reporter... | | | | | 796 | 250 | | |

| LOCALITÉS | DIRECTEURS | MONITEURS | Date de l'ouverture | Date de la fermeture | Inscrits | Diplômés | JURY DU CONCOURS | OBSERVATIONS |
|---|---|---|---|---|---|---|---|---|
|  | MM. | MM. |  | Reports.... | 793 | 250 | MM. |  |
| Lo anne. | Bourgeois, secrétaire du Comice. | Nachury, de Lozanne. | 29 févr. | 28 mars | 29 | 8 | Megat. Dugelay, Bonnand. L. Montessuy, F.-K. B. Bourgeois. |  |
| Saint-Bel. | Aloin, régisseur. | Merle. Antoine, de Châtillon. | — | 4 avril | 80 | 35 | Cany, maire, Aloin. Raymond. Gouilloud, Merle. Antoine. Chavagneux, Boucaud, Mallet, Bonhomme. Mallet. Berger. Roux. Jard, Moulin, Fouillet. |  |
| Fleurie. | Delafond, percepteur | Poncet, Jean. | — | 28 mars | 47 | 12 | Delafond. Nesme, Poncet. Dufour et Bret. |  |
| Chaponost. | Dominget, maire. | Bouvet. | — | — | 37 | 10 | Dominget. Jussaud, Chaudy, Bouvet. |  |
| Tarare. | Desportes, pré. de la Soc de viticulture. | Lassaigne, Lesort, Huguet, Mognot. | — | — | 97 | 15 | Salmon, Prothière. J. Desportes. |  |
| Belleville. | Berthillier, c. gén. et m | Crotte, Jeoffray. | — | — | 42 | 31 | Boucharnin, Lamoreerie, Crotte, Bérat, J. fils. Dussardier. |  |
| Lentilly. | Cozona, propriétaire | Gambet, de Châtillon. | — | — | 52 | 19 | Bouchard, Caillot, Sorliet, Alex, Cozona. |  |
| Blacé. | Picard, adjoint. | Cany, Louis, de Limas | — | — | 40 | 4 | Mongoin, Thomas, Bedon, Balandras, Picard. |  |
| Marchampt | Mélinaud, C. maire. | Claitte, Antoine. | — | — | 18 | 6 | Mélinand, Dubost, Vermorel, Portay, Girerd. |  |
| Saint-Germain-sur-l'Arbresle. | Dubost, maire. | Guillot, de Châtillon. | — | — | 32 | 18 | Dubost. Chanel, Blane, Bertholon. Guillot, Giraud. |  |
| Morancé. | Pâtissier, propriét. | Millex, de Morancé. | — | 4 avril | 71 | 17 | Jury de Bully. |  |
| Charbonnières. | Muelle. | Poulard, Joanny, de Chât-. | — | 28 mars | 23 | 2 | Girard, Prost, Perrin. Nové, Colomb. |  |
| Brussieux. | Dumont, propriétaire. | Cholet et Merle. P. de Chât-. | — | — | 20 | 20 | Montvernet, Rageay, Dumont, Chollet, Merle. |  |
| Beaujeu. | Canard, propriétaire. | Fayard. Matillat | — | — | 52 | 28 | Larfouilloux, Michaud, Durnérin, Chevalier et Canard-Desroles. |  |
| Corcelles. | Bron, maire. | Depardon, Chazelle. | — | — | 70 | 26 | Bron, Boisset, Bélicard, Béchet, Jean-Bapt. |  |
| Sarcey. | Gillet, maire. | Andrillat, du Breuil. | — | — | 40 | 12 | Sauvet, Lamouraud, Ferrière, Charmetton, Gillet, Rambourd. |  |
| Grigny. | Rolland, p.du Comice. | Abouzy, de Brignais. | — | — | 39 | 6 | Abouzy, Bouquet, Richard, Brasseur, Rolland. |  |
| Bully. | Cornatton, conseiller d'arrond. maire. | Aumiot, d'Anse. | — | — | 28 | 24 | Jury de Morancé. |  |
| Juliénas. | Nesme, adj. de Fleurie. | Nesme, de Fleurie. | — | — | 96 | 37 | Laneyrie, Nesme, Chervet. Piquand, Lacroix. |  |
|  |  |  |  | Total...... | 1715 | 580 |  |  |

| CANTONS | LOCALITÉS | DIRECTEURS | MONITEURS | Date de l'ouverture | Date de l'ouverture | Inscrits | Diplômés | JURY DU CONCOURS | OBSERVATIONS |
|---|---|---|---|---|---|---|---|---|---|
| | **Arrondissement de Lyon** | MM. | MM | | | | | MM. | |
| L'ARBRESLES | Arbresles (l') | Coindre. | Perrot, de Nuelles. | 9 janvier | 20 février | 17 | 7 | Veillet François, Chanel T., Dubost-Dalain, Coudurier, Fontanière P. | |
| | Bessenay. | Badiou, adjoint. | Guerry Claude, de Chanay, Dumas, de Bessenay. | — | 27 février | 64 | 18 | Aloin, Bonnet, Mallet F., Raymond, Bonhomme, Jard, Faure, Guillaud. | |
| | Bully. | Cornaton, maire. | Merle, de Chatillon. | 16 janvier | 20 février | 24 | 14 | Bertrand, Taponnier, Yvernon fils, Rougier fils, Buisson et Cornaton. | |
| | Dommartin. | Vericel, maire. | Corbignot, de Dommartin. | — | — | 15 | 7 | Prost V., Santschy J., Bergeon A., Dumas, Corbignot J. | |
| | Eveux. | Petitjean. | Sauge, d'Eveux. | — | — | 10 | 4 | Ragot, Sauge, Dubecq, Sauzeas, Brun, Petitjean. | |
| | Nuelles. | Giraud, maire. | Giraud Benoit. | — | — | 18 | 5 | Fontanière P., Silvestre G., Perrot L., Chaize M., Mouton H. | |
| | Saint-Bel. | Aloin. | Merle Antoine, de Lozanne. | — | — | 30 | 21 | Cany, Mallet F., Bonhomme, Bonnet, Faure. | |
| | 8 Saint-Julien-sur-Bibost. | J.-L. Duthel. | Malval Jacques, de St-Julien. | — | 6 mars | 57 | 21 | Coquard, Malval J., Dubœuf, Bonnet, Boucaud, Rey. | |
| | Sarcey. | Charmetton. | Souvet. | — | 20 février | 12 | 5 | Charmetton, Sauvet, Gousset, Gillet, Ferrière, Barbaret. | |
| CONDRIEU | Ampuis. | Grange Jean. | Dervieux Ch. | — | — | 14 | 14 | Leymain J. maire, Baliat, David, Bony, Guibert. | |
| | Condrieu. | Vaganay, cons. m. | Rozer Marius, Peillon Pierre. | — | — | 20 | 6 | Vaganay, Morel, Charrin, Royet, Vachon. | |
| | Les Hayes. | Ballas, maire. | Royer Joseph, de Condrieu, | — | — | 12 | 6 | Artaud, Plusson, Ghampallier, Ogier, Jamet. | |
| | Loire. | Christophe, maire. | Christophle Joanès - Michel fils, Boney, d'Ampuis. | — | — | 63 | 6 | Guibert E., Bony, Christophle, Fillon, Christophle maire. | |
| | Longes. | Champin, maire. | Pouzet J. | 16 janvier | 27 février | 21 | 5 | Geneste, Fillon, David, Coizet, Pouzet. | |
| | Sainte-Colombe. | Leblanc, maire, | Champin. | — | 20 février | 23 | 6 | Montant, Côte C.-F., Côte H., Caillot P., Perrache P., Leblanc. | |
| | St-Romain-en-Gal. | Moussier, Ch. conseiller municipal | Simon, de Chatillon. | — | — | 40 | 14 | Malcourt maire, Remilly, Neyret, Guichard, Chavas. | |
| | Tupin et Semons. | Rivory. | Duplessy. | — | — | 21 | 6 | Rivory, Raulend, Châtillon, Duplessy, David. | |
| | | | | | À reporter... | 461 | 165 | | |

| CANTONS | LOCALITÉS | DIRECTEURS | MONITEURS | Date de l'ouverture | Date de la fermeture | Inscrits | Diplômés | JURY DU CONCOURS | OBSERVATIONS |
|---|---|---|---|---|---|---|---|---|---|
| | | MM. | MM. | | Reports ..... | 461 | 165 | MM. | |
| GIVORS | Echalas. | Fulchiron, maire. | Michel Christophle. | 23 janvier | 6 mars | 31 | 6 | Fulchiron, Boudhuile, Gardier, Rolland, Coin. | |
| | Montagny. | Burel, maire. | Blanc, de Montagny. | 9 janvier | 20 février | 22 | 10 | Chambost F., Burel J.-E., Chatard, Pillon, Remilly. | |
| | Saint-Andéol-le-Château. | Convert, maire. Chavassieux. | Pitaval J.-B. | — | — | 38 | 4 | Couchoud, Janoray, Quinet, Vaganay, Rivoire. | |
| | St-Jean-de-Toulas. | Guinand, maire. | Payre. | — | — | 28 | 10 | Guinand, Burel, Bernard, Condamin, Payre. | |
| | Saint-Martin-de-Cornas. | Ollagnier, maire. | Garde A. | 23 janvier | — | 21 | 0 | Soulager P., Soulager L., Bon, Escoffier, Ollagnier. | |
| | St-Romain-en-Gier. | Ollagnon, maire. | Simon J.-P., de Châtillon. | 16 janvier | — | 45 | 16 | Colombet, Pugnet François, Pugnet F., Brossette, Ollagnier. | |
| LIMONEST | Chasselay. | Bourson, adjoint. | Lapresle. | 9 janvier | — | 48 | 16 | Vincey, Hachard, Kugues, Duchamp, Damour, Bourson. | |
| | Les Chères. | Clément, prés. de l'*Union agricole.* | J.-A. Courd, Bonnerue. | — | — | 28 | 5 | Clément, Grataloup, Charité, Napoly, Brun. | |
| | Chirieut-d'Azergues. | Mazet Joseph. | Treuvey E. | — | — | 41 | 19 | Tussaud, Patissier, Magat, Dugelay A. | |
| | Collonges. | Bernard, adjoint. | Guy. | — | 27 mars | 20 | 2 | Collier, Bertruchon, Just, Garde, Montbarbon | |
| | Limonest. | Fuché, maire. | Combet. | 13 février | | 25 | | | Le concours aura lieu ultérieurement. |
| | Lissieu. | Duchamp. | Damour, de Lissieu. | 9 janvier | 20 février | 50 | 19 | Clément, Damour, Napoly, Faure, Dugelay Tony. | |
| MORNANT | Mornant. | Rivière. | Condamin. | 9 janvier | 20 février | 15 | | Dumarest, maire, J. Dumont, F. Michaud, J.-M. Blanc, P. Sauvignat, J.-P Grataloup. | |
| | Orliénas. | Chirer J., adjoint. | Giraud. | 6 février | | | | | |
| | Sainte-Catherine. | Duport, maire. | Martinière Claude. | | 20 mars | 23 | 6 | Abouzy, Juvanon, Juvanon fils, Martin-Rosset, Dussurgey fils. | |
| | St-Maurice-s-Dargoire. | Merle, adjoint. | Borion Fleury. | 9 janvier | — | 31 | 10 | Serve, Grevat Jean, Grevat L., Flassieux, Madignier. | |
| | Taluyers. | Magnard, maire. | Grevat. | — | | | | | |
| | | | | | À reporter... | 927 | 288 | | |

| CANTONS | LOCALITÉS | DIRECTEURS | MONITEURS | Date de l'ouverture | Date de la fermeture | Inscrits | Diplômés | JURY DU CONCOURS | OBSERVATIONS |
|---|---|---|---|---|---|---|---|---|---|
| | | MM. | MM. | | Reports.... | 927 | 288 | MM. | |
| NEUVILLE | Albigny, | Pautet et Vincent | Ribairon. | 9 janvier | 20 février | 14 | 0 | Pautet. Vincent. Ribairon B., Ribairon F. Ferlat. | |
| | Cuire et Caluire. | Foret, cons muni. | Guy Léon, Côte J. | — | — | 38 | 8 | Côte, Guy, Berthier, Julien. Dandel. | |
| | Couzon. | Feuillet, maire. | Just A. | — | — | | | (Même jury qu'à Fontaines-sur-Saône). | |
| | Curis. | Massas, cons. mu | Delorme. | — | — | 20 | 4 | Jamlon, Compagnon, Catheland F., Catheland A., Goujon. | |
| | Fleurieu-s.-Saône. | Vergnais, maire. | Achard. Neuville-sur-Saône. | — | — | 27 | 6 | Poizat, Comte, Danjou, Décrant, Vergnais. | |
| | Fontaines-Saint-Martin. | Bency, maire. | | — | — | 27 | 7 | (Même jury qu'à Fontaines-sur-Saône). | |
| | Fontaines-sur-Saône. | Ducrot, maire. | Jouteur, de F.-sur-Saône. | — | — | 19 | 5 | Isnard, Ducrot, Pautet, Gonnard, Jouteur. Roux. | |
| | Poleymieux. | Peytel. | Reymond, de Chasselay. | — | — | 28 | 14 | Bullion, Chomel, Peytel M., Peytel J.-M. Marcel. | |
| | Saint-Germain-au-Mont-d'Or. | Robier, adjoint. | Hugues. | — | — | 14 | 13 | Renardon. Dupré, Fouilloux, Mothier. Robier. | |
| | Saint-Romain-au-Mont-d'Or. | Décrant. | Tarabon, d'Albigny. | — | — | 25 | 0 | (Même jury qu'à Fontaines-sur-Saône). | |
| SAINT-GENIS-LAVAL | Brignais. | Gaillard Ferd. | Berry, de Brignay. | — | — | 25 | 10 | Gaillard F., Pothin, Nétral. Girerd. Berry. | |
| | Chaponost. | Domingot, maire. | Chaudy fils. | — | — | 40 | 9 | Vindry, Josserand, Blanc, Chaudy, Dominget. | |
| | Charly. | Bertholon, maire. | Abouzy. de Brignay. | — | — | 74 | 20 | Gette, Cadis, Bertholon. Berger, Siméan. | |
| | Irigny. | Dégaltte, cons. mu- | Bouquet. | — | — | 30 | 11 | Chevallier, Berthier, Breillet. Jaricot, Pravaz | |
| | Oullins. | Fonrobert, maire | Valla. | — | — | 52 | 25 | Rougy. Lagrange. Jaboulay, Gay Valla. | 1er prix, grande médaille de vermeil : M. Courtois J.-B. 2e prix, grande médaille d'argent : M. Beau B. 3e prix, médaille d'argent : M.Guichard J. 4e prix, médaille d'argent : M. Charvolin F. 5e prix, médaille d'argent, M. Séguin M. 6e prix, médaille de bronze, M. Lécher J. |
| | | | | | À reporter.. | 1360 | 420 | | |

| CANTONS | LOCALITÉS | DIRECTEURS | MONITEURS | Date de l'ouverture | Date de la fermeture | Inscrits | Diplômés | JURY DU CONCOURS | OBSERVATIONS |
|---|---|---|---|---|---|---|---|---|---|
| | | MM. | MM. | | Reports .... | 1360 | 420 | MM. | |
| St-Genis-L val (suite) | Ste-Foy-lès-Lyon. | Jussaud. | Moullin. | 9 janvier | 20 février | 52 | 25 | Blanc, Vaud, Musset, Bouvet, Accarie, Jussaud. | |
| | St-Genis-Laval. | Duchamp Claude. | Duchamp. | — | — | 40 | 14 | Duchamp, Phily-Verzier, Jullien, Simou. | |
| | Soucieu-en-Jarret. | Morillon. | Fayetton, de Soucieu. | — | — | 15 | » | | |
| | Vllioles. | Brunet, adjoint. | Perigny. | — | — | 10 | 7 | Termet, Gaivalet, Paire, Perrel, Bailly. | |
| Saint-Laurent de Chamousset | Bruernaison. | Bonnepard, maire. | Fontanière, Soly. | — | — | 35 | 15 | Narbonnet, Rageny Duvon, Bonnepart, Fontanière, Soly. | |
| | Brussieu. | Dumont. | Collet, de Châtillon. | — | — | 23 | 19 | Dumond, Nicolas, Chollet, Volay, Baumont. | |
| VAUGNERAY | Brindas. | Rivière, maire. | Brun A.-F. | — | — | 14 | 6 | Benoît, Lalive, Bonjour, Collomb, Fayard. | |
| | Chevignay. | Pelletier C.-A. conseiller municipal. | Fouillet J.-M. | — | — | 48 | 12 | Mazuyer, Chatelard, Gondard, Jullien, Vernay, Pelletier. | |
| | Courzieu. | Faizant, maire | Venet, de Brussieu, Coste. | — | — | 50 | 19 | Girard, Charles, Commarmond, Venet, Coste | |
| | Craponne. | Chambray. | Giriat, de Vaugneray. | — | 13 février | 21 | 14 | Raymond, Puy, Chambry, Fabre, Poizat. | |
| | Crétieu-la-Varenne. | Raymond, maire. | Poizat. | — | 20 février | 26 | 14 | Raymond, Puy, Chambry, Fabre, Giriat. | |
| | Marcy-l'Etoile. | Souppat, adjoint. | Brun-Fleury, de Ste-Consorce. | — | — | 10 | | | Le concours n'a pas eu lieu. |
| | Messimy. | Chantre, maire. | Gubian Jean. | — | — | 31 | 19 | Laporte, Clémenson, Fabre, Lalive, Brun | |
| | Sainte-Consorce. | Rimbourg, maire. | Brun F. | — | | | | | |
| | Saint-Genis-les-Ollières. | Vieux, maire. | Brun-Fleury, de Ste-Consorce. | — | — | 15 | 11 | Vieux, Vercherin, Charavay, Dumortier, Jasserand. | |
| | Tassin. | Emiette François. | Rigaux E., d'Ecully. | — | — | 57 | 21 | Dumas, Joyet, Barbier, Vassel, Emiette jeune. | |
| | Thurins. | Chantre, adjoint. | Bailly, de Messimy. | — | — | 32 | 11 | Chantre, Gerin, Papillon, Perrel, Brailly. | |
| | Vaugneray. | Boiron, adjoint. | Duguet F., Pelisson. | — | — | 17 | 7 | Rambaud, Delhieu, Collomb fils, Brun fils, Boiron. | |
| Villeurbanne | Vénissieux. | Sublet, maire. | Brechon, de Tassin. | 16 janvier | — | 18 | | | |
| | Sathonay (dépt. de l'Ain). | Rousselot, de Chazay. | Papillon J., de Charnay. Minzard, de Chazay. | 16 janvier | 26 février | 70 | 43 | Colonel de Corn, Lassalle, Nolot, Gaillard, Pautet, Décurel, Rigaux, Chiral, Dallié Pierre, Caillot, Moiroux, Vincent, de St-Charles, L. Dubois, Sigrist, Paul Vincey, Rousselot. | 1re médaille d'argent, M. Payot J. 2e médaille d'argent, M. le capitaine Rey. 3e médaille bronze, M. Charton Ch. |
| | | | Totaux pour l'arrondissement de Lyon | | Pin Sathonay.... | 2034 | 648 | | |

| CANTONS | LOCALITÉS | MONITEURS | MONITEURS | Date de l'ouverture | Date de la fermeture | Inscrits | Diplômés | JURY DU CONCOURS | OBSERVATIONS |
|---|---|---|---|---|---|---|---|---|---|
| | | **Arrondissement de Villefranche** | | | | | | | |
| | | MM. | M M. | | | | | MM. | |
| ANSE | Alix. | Desaintjean, adj. | Daudet fils, Clautrier. | 9 janvier | 20 février | 22 | 13 | Desaintjean, Clautrier, Daudet M., Louis, Gallion. | |
| | Anse. | Riche, A. c' muni | Carriez C., Bouchacourt T. | — | — | 44 | 19 | Riche A., Prudon A., Poizard, Guillon, Barbaret, Beau, maire. | |
| | Belmont. | Decotton, adjoint. | Chabert, de Châtillon. | — | — | 21 | 14 | Decotton, Chabert, Vianey L., Murat, Greppo, l'Hôpital. | |
| | Chazay. | Lassalle, adjoint. | Dugelay A.,Chapeland J.-M. | — | — | 63 | 47 | Mᵐᵉ Dugelay P., Guuillard, Magat, Rolland, Brogard, Lassalle. | |
| | Liergues. | Mulaton. | Fargeat J.-M. | 16 janvier | — | 53 | 30 | Aynès, Berger, Chaintreuil, Damet, Bourgeois. | Le concours aura lieu ultérieurement. |
| | Lozanne. | Bourgeois, V. P. du Comice de Lyon. | Nachury C. | 9 janvier | — | 6 | | Dugelay P., Murat, Bunnand, Bourgeois. | |
| | Marcy-sur-Anse. | Corsant, Pierre. | Chapelain J.-M. | — | — | 27 | 17 | Larat, Brignon, Lamure, Dugelais, Vermorel. | |
| | Pommiers. | Lafaille. | Jacquier, Mitral, Tournisson. | — | — | 83 | 25 | Martin, Prudon, Pollet, Bromdet, Rivoire, Lafaille. | |
| | Pouilly-le-Monial. | Biolay, maire. | Nicolas J.-C., Champfray, de Pommiers. | — | — | 57 | 19 | Jacquet, Delachanal, Salanville, Canard, Minot, Biolay. | |
| | St-Jean-de-Vignes. | Murat, A. | Chevalier J. | — | — | 24 | 12 | Gerling, Malval, Petit, Murat, Chevalier. | |
| BEAUJEU | Beaujeu, (hommes). | Canard-Descoles. | Fayard, Lafond. | — | — | 95 | 18 | Durnerain, Duthel, Larfouilloux, Audin, Balagoy. | |
| | Beaujeu (dames). | Canard-Descoles. | Charmont. | — | — | 5 | 2 | Durnerain, Duthel, Larfouilloux, Audin, Balagoy. | |
| | Emeringes. | Mélinand. | Nesme, de Fleurie. | 23 janvier | — | 28 | 12 | Mélinand, Nesme, Delafond, Juillard, Mélinand, adjoint. | |
| | Fleurie, (hommes). | Delafond. | Poncet J. | — | — | 40 | 14 | Delafond, Nesme, Poncet J., Bret, Chevrot. | |
| | Fleurie, (dames). | Delafond. | Poncet J. | — | — | 10 | 4 | Delafond, Nesme, Poncet J., Brun, Chevrot. | |
| | Juliénas, (hommes). | Lanayrie, maire. | Nesme, de Fleurie. | — | — | 39 | 10 | Brun, Sante, Pelletier, Forest, Debise. | |
| | | | | | À reporter.. | 617 | 256 | | |

| CANTONS | LOCALITÉS | DIRECTEURS | MONITEURS | Date de l'ouverture | Date de la fermeture | Inscrits | Diplômés | JURY DU CONCOURS | OBSERVATIONS |
|---|---|---|---|---|---|---|---|---|---|
| | | MM. | MM. | | Report..... | 617 | 236 | MM. | |
| BEAUJEU (suite) | Juliénas, (dames). | Lanayrie, maire. | Nesme, de Fleurie. | 9 janvier | 20 février | 7 | 3 | Brun. Santé. Pelletier, Forest. Debise. | |
| | Jullié, (hommes). | Bourdon, maire. | Nesme, de Fleurie. | — | — | 29 | 9 | Bourdon, Nesme, Descombes, Benon, Patissier. | |
| | Jullié, (dames). | Bourdon, maire. | Nesme, de Fleurie. | 16 janvier | — | 4 | 4 | Bourdon, Nesme, Descombes, Benon, Patissier. | |
| | Marchampt. | Mélinand, adjoint. | Claitte A. | — | — | 19 | 4 | Claitte J.-M., Vermorel, Nigay, Portay, Dubost. | |
| | Quincié, (hommes). | Claitte, adjoint | Large A., Large C., Large B. | — | — | 35 | 20 | Baizet, Aujogue, Collonge, Claitte, Large. | |
| | Quincié, (dames). | Crozy. | Large A. | — | — | 19 | 7 | Baizet, Aujogue, Collonge, Claitte, Large· | |
| BELLEVILLE | Belleville. | Berthillier, maire et Bourchanin. | Forat, Dussardier. | — | 27 février | 55 | 36 | Bourchanin, Lamercerie, Chatelet, Violet, Mélinand. | |
| | Cercié. | Guillin, maire. | Rollet, Guillin. | — | 20 février | 58 | 22 | Guillin, Forest, Reysaler, Prély, Mercier fils, Depardon J. | |
| | Charentay. | Charlet, adjoint. | Pert, de Villefranche. | — | — | 75 | 22 | Ouperrier, Pert, Pert fils, Naudet, Charlit. | |
| | Saint-Etienne-les-Ollières. | Charrin, Maurice. | Farjat J., Chaffangeon, de St-Etienne-la-Varenne. | — | — | 56 | 18 | Aunier, Jonnery, Charrin, Creyton, Chaffangeon, Fargeat. | |
| | St-Etienne-la-Varenne (hom.). | De St-Charles, m. | Verger J., Baritel C., Ballandras. | — | — | 34 | 5 | De St-Charles, Latriche, Romanet, Blain, Perger. | |
| | St-Etienne-la-Varenne (dam.). | De St-Charles, m. | Verger, J. Baritel C., Ballandras. | — | — | 36 | 12 | De Saint-Charles, Latriche, Romanet, Blain, Berger. | |
| | Saint-Georges-de-Reneins | Duchaine. | Romanet, Puvilland F. | — | — | 45 | 6 | Picard, Passot, Saunier, Berthillier, Collier | |
| BOIS-D'OINGT | Bagnols. | Durand, maire. | Jacon, de Chessy. | 9 janvier | 27 février | 35 | 14 | Raffin J., César, Brunet, Chervin, Jacon. | |
| | Le Bois d'Oingt (hommes). | Botte, m., Joly, a. | Merle, de Légny. | — | 20 février | 25 | 18 | Botte, Joly, Paillet, Marduel, Andrillat et Merle. | |
| | Le Bois-d'Oingt (dames) | Mme Rousselot. | Mmes Desrayaud, Duhost et Trichard, de Chessy. | 16 janvier | — | 54 | 34 | Lassalle, Ponteille, Botte, Joly, Caillot, Dalbépierre, Chirat, Jacques, Décurel, Pradier. | 1re médaille d'argent, Mr Maria Manus. 2e médaille d'argent, Mr F. Poitrasson. 3e médaille de bronze, Mr C. Chanel. |
| | | | | | À reporter... | 1203 | 490 | | |

| CANTONS | LOCALITÉS | DIRECTEURS | MONITEURS | Date de l'ouverture | Date de la fermeture | Inscrits | Diplômés | JURY DU CONCOURS | OBSERVATIONS |
|---|---|---|---|---|---|---|---|---|---|
| | | MM. | MM. | | Reports ..... | 1203 | 490 | MM. | |
| BOIS-D'OINGT (suite) | Le Breuil. | Charmet, maire. | Monnet, J.-C. | 9 janvier | 20 février | 23 | 15 | Charmet, Jangot, Marduel, Andrillat, Delestra, Rozier. | |
| | Chamelet. | Brossette, maire. | Desvignes. | — | — | 15 | 11 | Chanard, Derigon, Bataille, Villand. | 1ʳᵉ médaille d'argent : Mme M. Dénos. 2ᵉ médaille d'argent : Mme M. Dallaire. 3ᵉ médaille de bronze : Mme E. Tournus. |
| | Châtillon-d'Azergues (dames). | Mme Rousselot. | Mᵐᵉˢ Dugelay, de Chessy et Trichard, de Chessy. | — | — | 25 | 20 | Lassalle, Ponteille, Caillot, Dalbépierre, Chirat, Décurel, Décours, Dechet, Jacques, Pradière, Poitrasson. | |
| | Chessy-les-Mines. | Glénard, maire. | Poyet, de Chessy. | — | — | 15 | 11 | Glénard, Periand, Point, Debilly, Bonnefay. | |
| | Frontenas. | Accarie, maire. | Girantet, de Châtillon. | — | — | 23 | 12 | Accarie, Dégoutte, Ducreux, Girantet, Soly, Rivoire. | |
| | Jarnioux. | Guinaud, maire. | Ronzière, inst. à Jarnioux. | — | — | 25 | 16 | Guinaud, Verne, Lapicotière, Montmain, Dufour, Lablanche. | |
| | Oingt. | Pommiers, maire. | Georges. | — | — | 39 | 25 | Pommier, Granger, Toutant, Verne, Guillard, Vermorel. | |
| | St-Laurent-d'Oingt | Périgeat Cⁱ d'atil-lerie, maire. | Clautrier J.-L., Papillon fils. | — | — | 40 | 22 | Périgeat, Mellet, Chanard, Quantin, Chatelus. | |
| | Sainte-Paule. | Morel, maire. | Charnay, de Létra. | — | — | 36 | 20 | Morel, Guillard, Mongoin, Salut, Lafay. | |
| | Saint-Véraud. | Pradel. | Poitrasson, de Légny. | — | — | 16 | 9 | Fauchery, Martin-Müller, Vissoux, Ferrière, Jacquet. | |
| | Thélgé. | Laverrière, maire. | Charbonnel. | — | — | 64 | 21 | Laverrière, Poisard, Charbonnel, Demeur, Silvestre, Bedin. | |
| LAMURE | Grandris. | Chanfran, maire. | Desplace, de Chambost-Allières. | — | — | 24 | 6 | Chanfran, Bedin, Gaillard, Micolon, Condemine, Bonnetain. | |
| | Lamure. | Ollier, cons. muni. | Guerry J., de Chamelet. | — | — | 17 | 10 | Ollier, Villand, Brossette, Chabert, Bataille. | |
| | | | | | À reporter.... | 1575 | 688 | | |

| CANTONS | LOCALITÉS | DIRECTEURS | MONITEURS | Date de l'ouverture | Date de la fermeture | Inscrits | Diplômés | JURY DU CONCOURS | OBSERVATIONS |
|---|---|---|---|---|---|---|---|---|---|
| | | MM. | MM. | | Reports.... | 1575 | 688 | MM. | |
| TARARE | Ancy. | Pierron, maire. | Burgat. de Savigny. | 9 janvier | 20 février | 20 | 9 | Pierron. Poncet père. Poncet fils, Mollière, Savigny, Maugé-Bost et Mazard. | |
| | Pontcharra. | Bertholier, maire. | Pailleux P., Lafond C.-L. | — | — | 29 | 8 | Bertholier, Laurent-Dumas, Taponier, Lapresle, Bargel, Chirat. | |
| | Saint-Clément-de-Valsonne. | Bost. | Poulard, de Châtillon. | — | — | 28 | 16 | Bost, Lacôte, Lièvre, Beraudon, Sauzy. | |
| | Tarare. | Desportes, P. de la S. de viticulture. | DesportesGuy. | — | — | 91 | 12 | Desportes, docteur Chanel, Salmon, Prothière, Courbon, Napolier. | |
| VILLEFRANCHE | Arnas. | Damiron, maire. | Décolle E. | — | — | 22 | 9 | Boton P., Juvauon, Coïndre, Gelay, Damiron. | |
| | Lacenas. | Arnaud-Coffin, m. | Rosier C. | — | — | 3. | 9 | Suchet. Martin, Botton, Brossette, Blanc, Arnaud-Coffin. | |
| | Montmelas. | Toinon. | Lorrain. | — | — | 25 | 18 | Toinon, Fellot, Auby, Perras, Grivet, Dubot. | |
| | Salles. | Dugelay, maire; Saflix. | Desthieux J., de Blacé. | — | — | 47 | 6 | Dugelay, Venet, Crépier, Mongoin, Balandras. | |
| | | | Totaux pour l'arrondissement de Villefranche.. | | | 1871 | 774 | | |

### Récapitulation

| | | | |
|---|---|---:|---:|
| Arrondissement de Lyon........................... 69 Ecoles. | | 2034 | 648 |
| Arrondissement de Villefranche..................... 53. — | | 1871 | 774 |
| Totaux pour le département...................... 123 Ecoles. | | 3905 | 1422 |

| CANTONS | LOCALITÉS | DIRECTEURS | MONITEURS | Date de l'ouverture | Date de la fermeture | Inscrits (1) | Diplomés (2) | JURY DU CONCOURS | OBSERVATIONS |
|---|---|---|---|---|---|---|---|---|---|
| | **Arrondissement de Lyon** | | | | | | | | |
| | | MM. | MM. | | | | | MM. | |
| L'ARBRESLES | L'Arbresles. | Veillet. | Perraud. | 6 nov. | 11 déc. | | | Pourra, Fontanières, Silvestre, Dubost, Chanel. | |
| | Bessenay | Radiou A. | Guery fils. | — | — | | | Aloin, Bonnet, Raymond Mallet, Guilloud. | |
| | Bibost. | Lepin. | Georges Ferrière. | — | — | | | Bonhomme, Gouilloud, Mallet, F., Poncet, Raymond. | |
| | Eveux. | Petitjean A. | Sauge. | — | — | | | Sauzéa, Dubecq, Ragot P Vindry, Brun. | |
| | Saint-Bel. | Raymond. | Merle Antoine. | — | — | | | Raymond, Aloin, Mallet, Bonhomme, Bonnet, Poncet, Dussurget. | |
| | Saint-Pierre-la-Pallud. | Bibost. | Jard Jean. | — | — | | | Blain, Fouillet, Desgrange, Bailly, Dru. | |
| | Saint-Julien-sur-Bibost. | Duthel. | Madinier François. | — | — | | | Malleval, Desaintjean, Devaux, Coquard. | |
| | Sourcieux-sur-l'Arbresles. | Prost, cons. muni. | Lornage, de Sain-Bel. | — | — | | | Denoyel, Faure, Gagnon, Guy, Raynaud. | |
| CONDRIEU | Ampuis. | Batiat. | Champin B. | — | — | | | Grange J., Grange Jean, Gomot, David, Leymain. | |
| | Les Hayes. | Balas Louis. | Champallier Claude. | — | — | | | Balas, Artaud, Plasson, Jamet, Poulat. | |
| | Sainte-Colombe. | Leblanc. | Barthelemy Champin. | — | — | | | Côte C.-F., Côte H., Caillot, Leblanc, maire. | |
| | Saint-Romain-en-Gal | Moussier Charles. | Chatagnier Romain. | — | — | | | Malcour, Guichard, Neyret, Remilly, Chavas. | |
| | Tupin-Semons. | Rivory. | David J. | — | — | | | Chatillon, Besson, Rolland, Dervieux, Vanel. | |
| GIVORS | Chassagny. | Vial F. | Rivoire François. | — | — | | | Chambost, Raynon L., Grevat fils, Chevalier, Magnard, maire. | |
| | Ecbalas. | Fulchiron, maire. | Faison. | — | — | | | Fulchiron, maire, Boudhuile, adjoint, Gardier C.-M. | |
| | Givors. | Abouzy. | Abouzy. | | | | | Rolland C. | |
| | Millery. | Gaillard Ferdinand | Py Pierre. | → | — | | | Brottet François, Deyrieux, Perrin, Sève, Thibaudier. | |
| | Montagny. | Burel, maire. | Blanc A. | — | — | | | Chatard, Chambost, Bernard, Remilly, Pillon. | |
| | Saint-Andéol-le-Château. | Chavassieux. | Pitaval J.-B. | — | — | | | Vaganay, Couchout, Desgrange, Janneray, Sauzion. | |

(1)-(2) Ces écoles étant présentement en voie de fonctionnement, les chiffres relatifs aux élèves inscrits et aux élèves diplomés ne seront connus que plus tard.

| CANTONS | LOCALITÉS | DIRECTEURS | MONITEURS | Date de l'ouverture | Date de la fermeture | Inscrits | Diplomés | JURY DU CONCOURS | OBSERVATIONS |
|---|---|---|---|---|---|---|---|---|---|
| | | MM. | MM. | | | | | MM. | |
| LIMONEST | Chasselay. | Lapresles J. | Lassalle J.-M. | 6 nov. | 11 déc. | | | Duchamp, Damour, Nugues, Hachard. | |
| | Dardilly. | Gerin Eugène. | Vermorel Cl. | — | — | | | Gerin, Ruiton, Damez, Benoit, Accarie. | |
| | Limonest. | Combet. L. | Robier Emile. | — | — | | | Perrin, Jourde, Duchamps, Ducreux, Poizat. | |
| LYON | Lyon. | Rousselot. | Magat, de Chazaz. | — | — | | | | Ecole militaire. |
| | Sathonay. | Rousselot. | Magat, de Chazaz. | — | — | | | | Ecole militaire. |
| MORNANT | Rontalon. | Buisson, maire. | Vessier A. | — | — | | | Chantre, Rivoire E., Gerin, Gaudin, Chatard. | |
| | Saint-Sorlin. | Chavassieux, m. | | — | — | | | | |
| | Talugers. | Magnard, maire. | Grevat J. | — | — | | | Madignier, Servo, Flassieux, Grevat J., Grevat L., Magnard. | |
| NEUVILLE-sur-SAONE | Albigny. | Pautet. | Ribairon François. | — | — | | | Pautet, Vincent, Ribairon, Ferlot Joseph, Brondel. | |
| | Cailleux-sur-Fontaines. | Morel, maire. | Danjou François. | — | — | | | Côte Joseph, Guy F., Julien, Berthier, Dandet. | |
| | Calluire et Cuire | Forest Jean. | Guy Léon. | — | — | | | | |
| | Couzon. | Rousselot. | Roux P. | — | — | | | Gonnard, Jouteur, Léger, Morel, Alaine E. | Asile Saint-Léonard. |
| | Fontaines-s.-Saône | Ducrot, maire. | | — | — | | | Achard, Richard, Vergnais, Colomby, Mollard. | |
| | Neuville-s.-Saône. | Poizat A. | Pécheur. | — | — | | | | |
| | Saint-Germain-au-Mont-d'Or. | Robier A. | Nugues. | — | — | | | Robier, Mothier, Deprès Fouilloux, Dubost. | |

*Écoles de greffage de la vigne en 1887-88 (Suite)*



| CANTONS | LOCALITÉS | DIRECTEURS | MONITEURS | Date de l'ouverture | Date de l'ouverture | Inscrits | Diplômés | JURY DU CONCOURS | OBSERVATIONS |
|---|---|---|---|---|---|---|---|---|---|
|  |  | MM. | MM. |  |  |  |  | MM. |  |
| ST-GENIS-LAVAL | Brignais. | Gaillard Ferd. | Berry J. | 6 nov. | 6 déc. |  |  | Abouzv, Pothin, Thiollière, Métral. Gauthier. |  |
|  | Chaponost. | Dominget, maire. | Chaudy Joseph. | — | — |  |  | Gailliard F., Chaudy, Josserand, Vindry, Blanc J. |  |
|  | Charly. | Hertholon. |  |  | — |  |  | Berger, Cadis maire, Gette J., Siméan, Ogier. |  |
|  | Irigny. | Chana, maire. | Chevalier P. | — | — |  |  | Chevalier, Bouguet, Besson, Berthier, Paton. |  |
|  | Oullins. |  |  |  | — |  |  | Philly. Simon, Jullien fils, Verzier, Perret II. |  |
|  | Saint-Genis-Laval. | Duchamp, C. | Duchamp A. | — | — |  |  | Bailly V., Perrel A., Mazuyer, J.-P., Baron G., Perigny. |  |
|  | Vernaison. | Perigny. | Brunet. | — |  |  |  |  |  |
| ST-LAURENT-DE-CHAMOUSSET | Brullioles. | Mazallon, adjoint. | Fontanière. | — | — |  |  | Fredière J.-B., Harbonnet B.. Rageay C. |  |
| VAUGNERAY | Chevinay. | Chatelar J.-A. | Brun A. | — | — |  |  | Vernay, Gombard, Mazuyor, Pelletier, Gimeau. |  |
|  | Courzieu. | Faizant, maire. | Coste. | — | — |  |  | Girard A., Chatelard, Benier, Ogier, Boiron. |  |
|  | Marcy-l'Etoile. | Colomb J.-M. | Brun. | — | — |  |  | Souppat. adjoint, Colomb, Souppat F., Lancelin, Bouchard. |  |
|  | Saint-Genis-les-Ollières. | Vieux C. maire. |  |  | — |  |  | Aguettant F., Vercherin, Assadas, Gayet-Michel. |  |
|  | Tassin-la-Demi-Lune. | Emelle F. con. m. | Goutard C. |  | — |  |  | Joyet, Emelle Ph., Colas B., Cochet, Barbrie. |  |
|  | Thurins. | Chantre B. adj. | Targe. | — | — |  |  | Chantre G., Gerin, Papillon, Perrel, Brailly. |  |

*Écoles de greffage de la vigne en 1887-88 (Suite)*



| CANTONS | LOCALITÉS | DIRECTEURS | MONITEURS | Date de l'ouverture | Date de la fermeture | Inscrits | Diplomés | JURY DU CONCOURS | OBSERVATIONS |
|---|---|---|---|---|---|---|---|---|---|
| | **Arrondissement de Villefranche** | | | | | | | | |
| | | MM. | MM. | | | | | MM. | |
| ANSE | Anse. | Riche Abraham. | Bouchacourd, Blondel. | 6 nov. | 6 déc. | | | Poisard J.-P., Poisard F., Tussaud, Prudon, Beau, Guillon, Riche. | |
| | Alix. | Louis Clande. | Michel Daudet fils. | — | — | | | Gallion, F. Daudet, m. Billet J. | |
| | Lachassagne. | Magny J.-B. | Vermorel Mathieu. | — | — | | | Chatillon, Bussand, Solichon, Corbin, Prudhon. | |
| | St-Jean-des-Vignes (hommes). | Murat. | Petit Jean. | — | — | | | | |
| | St-Jean-des-Vignes (dames). | Mme Rousselot. | Renaud. | — | — | | | | |
| | Chazay (hommes). | | | | | | | | |
| BEAUJEU | Beaujeu (hommes). | Chevalier Cl. | Nesme de Fleurie. | — | — | | | Larfouilloux, Canard, Durnerin, Fayard. | |
| | Beaujeu (dames). | Chevalier Cl. | Nesme de Feurie. | — | — | | | Même jury. | |
| | Emeringe (h.) | Mélinand Cl. | Poncet. | — | — | | | Mélinand, Delafond, Nesme, Mélinand A., Juillard. | |
| | Emeringe (d.). | Mélinand Cl. | Poncet. | — | — | | | Même jury | |
| | Fleurie (hommes). | Nesme, adjoint. | Pelletier Philippe. | — | — | | | Delafond, Brest, Chavet, André Loron, Poncet. | |
| | Fleurie (dames). | Nesme, adjoint. | Lacroix instituteur. | — | — | | | Même jury. | |
| | Juliénas (hommes) | Laneyrie, maire. | Décolle E. | — | — | | | Santé F.-C., Brun F., Voluet J., Chervet, Pelletier. | |
| | Juliénas (dames). | Laneyrie, maire. | Poncet Cl. | — | — | | | Même jury. | |
| | Quincié (hommes). | Claitie C. | Dubost G. | — | — | | | Collonge, Crozy, Bulliait, Michel M., Vaillant, Desplace. | |
| | Quincié (dames). | Collonge Philippe. | Vincent. | — | — | | | Même jury. | |

| CANTONS | LOCALITÉS | DIRECTEURS | MONITEURS | Date de l'ouverture | Date de la fermeture | Inscrits | Diplomés | JURY DU CONCOURS | OBSERVATIONS |
|---|---|---|---|---|---|---|---|---|---|
| | | MM. | MM. | | | | | MM. | |
| BELLEVILLE | Belleville. | Boucharnin, adj. | Bérat, Dussardier. | 6 nov. | 11 déc | | | Lamercerie, Chatelet-Cabut, Violet, Mélinand. | |
| | Cercié. | Forest. | Guillin fils, Tondu B. | — | — | | | Mercier, Reyssié, Prély, Collonge, Rampon, | |
| | Lancié. | Bergeron, cons. m | Baritel. | — | — | | | Nesme adjoint, Delafond, Verchère, Bergeron, Baritel. | |
| | Saint-Étienne-la-Varenne. | De St-Charles, m. | Ballandras. | — | — | | | Romanet, Charrin, Perroud, Berger, de Saint-Charles. | |
| | Saint-Étienne-la-Varenne. | Mᵐᵉ Berger. | M. et Mᵐᵉ Baritel. | — | — | | | Même jury. | |
| | Saint-Georges-de-Reneins. | Duchaine. | | | | | | | |
| | Saint-Lager. | Poizard. | | | | | | Murat, Dutruge A., Lafond F., Poissard. | |
| BOIS-D'OINGT | Bagnols. | Durand, maire. | L'abbé Jérôme. | — | — | | | Chervin, Brunet, Raffin, Féréol, Remilleux. | |
| | Bois-d'Oingt (h.) | Botte, m. Joly, adj. | Merle, de Légny. | — | — | | | Dégoutte, Gérantet, Rivoire, Gérantet C., Sabas. | |
| | Bois-d'Oingt (d.) | Mᵐᵉ Rousselot. | Monnet J.-C. | — | — | | | Même jury. | |
| | Le Breuil. (h.) | Charmet, maire. | Jacon, de Chessy. | — | — | | | Périgeat, Mellet, Chanard, Laposse, Dessaigne. | |
| | Le Breuil (d.) | Mᵐᵉ Rousselot. | Magny B. | — | — | | | Mellet, Chanard, Brossette, Quantin, Chatelus. | |
| | Frontenas (h.) | Accarie, maire. | Gerard J. | — | — | | | Gérard, Alix, Guillermain, Combrichon, Guillard. | |
| | Frontenas (d.) | Mᵐᵉ Rousselot et M. Dessainjean, adjoint. | Mˡˡᵉ Maria Manus. | — | — | | | | |
| | Létra. | Quantin, maire. | Déplaces Pierre. | — | — | | | | |
| | Saint-Laurent-d'Oingt (d.) | Mᵐᵉ Rousselot et M. Périgeat. | Chanfray, Chuzeville. | — | — | | | | |
| | Sainte-Paule. | Durdilly B. | Lafond C., Pailleux. | — | | | | | |

| CANTONS | LOCALITÉS | MONITEURS | MONITEURS | Date de l'ouverture | Date de la fermeture | Inscrits | Diplomés | JURY DU CONCOURS | OBSERVATIONS |
|---|---|---|---|---|---|---|---|---|---|
| | | MM. | MM. | | | | | MM. | |
| LAMURE | Chambost-Allières | Gaillard, maire. | Déplace Pierre. | 6 nov. | 11 déc. | | | Denéanne, Gaillard, Bedin, Déplaces A., Desvignes. | |
| | Grandris. | Berthier. | Chanfray, Chuzeville. | — | — | | | Micalon, Condemine, Bonnetain, Aubonnet, Chanfray. | |
| | Pontcharra. | Barjel, adjoint. | Lafond, C. Pailleux. | — | — | | | | |
| | Arnas. | Dutruge. | Décolle E. | — | — | | | Belèvre, Duchamp, Gelay, Coindre. | |
| TARARE | Gleizé. | Falconnet. | Poncet. | — | — | | | Maitre, Chabert, Ponce-Blanc, Marton, Santaillier. | |
| | Limas. | Creyton H. | Dubost J. | — | — | | | Chatillon, Trambouze, Longeron, Chalamont, Gayet. | |
| | Montmelas. | Toinon. | Vincent. | — | — | | | Fellat, Grinet, Perras, Dubost. | |
| | Rivolet. | Rellot. | Desprats. | — | — | | | Sandrin, Blanc, Decotton, Grégoire, Roche. | |
| | Salles. | Saflix J. | Saflix. | — | — | | | Mongoin, Balandräs, Verset, Crépier, Dugelay. | |

# ÉCOLES DE GREFFAGE

## RÉCAPITULATION GÉNÉRALE

En 1885. — 20 écoles; 1072 élèves réguliers; 318 diplon[més]
En 1886. — 36 — 1715 — 580 —
En 1887. — 122 — 3905 — 1422 —
En 1887-88. — 98 — 1500 (environ) — 800 (environ) diplom[és]

Totaux... 276 — 8192 — 3420 —